놀이터, 위험해야 안전하다

— 과잉보호에 내몰리는 대한민국 아이들을 위해 —

과잉보호에 내몰리는 대한민국 아이들을 위해
놀이터, 위험해야 안전하다

처음 펴낸 날 2015년 6월 25일
네 번째 펴낸 날 2021년 4월 25일

글·사진 편해문 **출판감독** 박세경
펴낸 곳 소나무 **펴낸 이** 유재현
편집한 이 강주한 박수희 **알리는 이** 유현조 **꼴을 꾸민 이** 신미연

인쇄·제본 영신사 **종이** 한서지업사
등록 1987년 12월 12일 제2013 - 000063호
주소 412 -190 경기도 고양시 덕양구 현천동 121- 6
전화 02 - 375 - 5784 **팩스** 02 - 375 - 5789
전자우편 sonamoopub@empas.com **전자집** http://blog.naver.com/sonamoopub1

책값 28,000원
ISBN 978-89-7139-826-5 03610

이 도서의 국립중앙도서관 출판예정도서목록(CIP)은 서지정보유통지원시스템 홈페이지(http://seoji.nl.go.kr)와 국가자료공동목록시스템(http://www.nl.go.kr/kolisnet)에서 이용하실 수 있습니다.(CIP제어번호: CIP2015016579)

– 과잉보호에 내몰리는 대한민국 아이들을 위해 –

놀이터,
위험해야 안전하다

편해문 글·사진

소나무

> 돈을 받고 일하는 관리자가 있는 놀이터는 아이들에게 좋고, 사람이 많은 도시의 거리는 아이들에게 나쁘다는 신화는 결국 보통 사람에 대한 깊은 경멸이다.
> - 제인 제이콥스(Jane Jacobs)

여는 글

놀이터, Play보다 Ground가 중요하다

놀이터는 도시가 만들어지고 사람들이 그곳으로 몰리면서 만들어졌다. 그러니까 놀이터는 어쩔 수 없는 근대의 발명품이다. 1859년 영국의 맨체스터에 공공 놀이터가 처음 세워진 것은 우연이 아니다. 이 놀이터를 독어와 영어로 Spielplatz, Playground로 부른다. 그러니까 놀이터란 Spiel + Platz, Play + Ground라는 뜻인데, 내 가슴에 새겨진 말은 Play나 Spiel이 아니다. Ground와 Platz이다. 나는 한국의 놀이터 이야기를 '놀이'가 아니라 아이들의 땅, 대지, 바탕, 토대, 터 등을 뜻하는 Ground와 Platz에서 시작한다. 놀이터란 단지 Play를 하는 곳이라기보다는 도시와 자본의 한복판을 사는 아이들이 그들의 삶을 든든히 일굴 수 있는 Ground 구실을 해야 한다는 것이 내 놀이터 철학의 바탕이기 때문이다.

놀이터를 가꾸거나 만들거나 짓거나 하려는 움직임이 한국 사회에 부쩍 늘었다. 나는 올해를 '놀이터 원년'으로 이름 붙인다. 곧 대기업이 본격적으로 뛰어들 것이고 지자체나 정부 부처도 가세하고 있다. 가까이 가 보면 거품이 있다. 이 거품이 앞으로 3년을 갈 수 있을지 나는 가까이서 때로는 멀리서 지켜볼 수밖에 없다. 이 책은 그러니까 한국 사회에 놀이터 거품의 쓰나미가 밀려오기 직전에 쓰는 나의 대응이다.

한국의 공공 놀이터는 부모와 아이들로부터 외면 받고 있다. 이렇게 공공 놀이터가 제구실을 못하게 된 것과 맞물려 상업 놀이터가 동네와 마트에 들어섰고 부모는 아이와 함께 그곳에 간다. 우리가 공공 놀이터를 돌보지 못하고 잊어버린 사이, 돈 만 원을 내고 아이들을 마트에서 한두 시간 놀리는 상황이 벌어진 것이다. 아이들이 노는 데 돈을 내고 이를 돈벌이로 삼기 시작한 것이다. 내가 그동안 아이들 놀이터를 공부하면서 가장 크게 걱정했던 일이 현실에서 벌어졌다. 귀촌 12년차인 내가 촌에 머물 수만 없는 까닭이다.

나는 이것을 '놀이터 사유화'라 이름 붙인다. 철도와 의료의 민영화 혹은 사유화가 철도와 의료의 질과 국민의 삶을 끝없이 뒷걸음치게 하듯, 놀이터 사유화는 아이들 삶을 뿌리부터 소비에 절게 할 것이다. 놀이터 사유화는 이런 가공할 탐욕이 아이들 놀이터까지 다다랐음을 보여 주는 지표이다. 내가 놀이터의 공공성 회복에 관심을 두고 모든 놀이터가 '1급의 공공 영역'이 되어야 한다고 주장하는 까닭이다. 지금은 자본의 '놀이터 공공성' 밀어젖히기 질주에 무자비한 비판을 가하면서, 동시에 내가 사는 가까운 공공 놀이터를 '공유 놀이터'로 주민과 아이들과 시민단체와 활동가들이 알뜰하게 디자인하고 가꾸는 일이 절실한 때이다.

많은 사람이 아이들이 놀 수 있는 놀이 공간에 관심을 두는 것은 기껍고 다행스럽고 가상한 일이지만, 아이들을 둘러싼 사회 전체 구성원, 다시 말해 부모와 교사와 행정의 사고와 시스템과 고용의 조건이 바뀌지 않는데 놀이터만 개선하고 혁신한다고 아이들 삶이 나아질 것이란 생각은 순진하다. 그럼에도 놀이터는 바꾸어야 한다. 한국은 세월호 이후에도 '안전'이라는 신화와 주술에 사로잡혀 '안전빵 놀이터 찍어내기'를 무한 반복하고 있기 때문이다. 아이들 놀이터에서 '안전 신화'라는 장막을 걷어내지 못한다면 앞으로 15년 안에 한국의 바깥 놀이터는 모두 폐쇄될 것이고, 놀이터에서 위험(Risk)과 만나고 그 위험을 다루는 것을 익힐 수 없었던 아이들은 더 큰 위험 앞에 놓일 것이다. 세월호의 귀환이다. 황사, 산성비, 자외선은 악화할 것이고 안전은 더욱 강력한 독선을 휘두를 것이고 바깥 놀이터는 마침내 철거될 것이다. 나의 놀이터 이야기는 이런 절망 속에서 길을 나선다.

이 책은 『아이들은 놀이가 밥이다』 이후에 쓰는 나의 '놀이 3부작' 두 번째 책이다. 앞으로 쓰게 될 세 번째 책 『위험, 모험, 야생의 놀이터』를 끝으로 놀이와 놀이터에 대한 내 생각을 매듭 지으려 한다. 나와 이 책 또한 그래서 경계에 놓여 있다. 그럼에도 이 책에 놀이터에 대한 생각을 담아 세상에 내놓는 까닭은 한국의 놀이터를 오래도록 지켜봐 온 자로서 놀이터를 이대로 내버려둘 수 없다는 절박함이 있어서다. 좀 더 힘하게 말하자면 편의점 수의 두 배에 달하는 6만 개가 넘는 놀이터를 바꾸지 않고는 아이들 삶이 제자리에 놓일 수 없다. 지금처럼 도전할 것도 없고 상상도 빈곤한 놀이터에서 10년을 보낸 아이들이 10년, 20년 뒤에 어떤 상상을 할 수 있을지 아득하다.

놀이터는 조경가와 건축가의 전유물이 아니다. 놀이터를 바꾸는 일은 여러 사람이 함께해야 한다. 흔히 놀이터를 건축가, 조경가, 디자이너, 놀이 기구 회사, 관련 공무원이 모이면 뚝딱 만들 수 있다고 생각했다. 그랬다. 앞서 만든 놀이터는 그렇게 만들어졌다. 그 결과 지루한 놀이터가 난립하였다. 앞서 나열한 분들의 자기 성찰이 필요하다. 놀이터는 이런 사람들만으로 구성되지 않는다. 놀이터가 지어질 인근에 사는 어린이, 그리고 그들의 부모, 교육운동가, 놀이터활동가, 예술가, 시민단체, 지자체, 정치가, 기업들이 수평적으로 만나야 한다. 그래야 아이들 놀이터를 어떻게 만들 것인지 상상할 수 있다.

한국 사회 여기저기서 놀이터를 새롭게 만들려는 움직임은 지지하지만, 형식적인 거버넌스는 경계한다. 벌써 형식적 거버넌스임이 여러 곳에서 목격된다. 놀이터 앞에 자신들의 이름표를 걸려는 집단을 경계한다. 나는 이 과정을 함께할 수 있는 개념으로 '커뮤니티 놀이터(Community Playground)'를 바탕에 깔고, 마침내 '공유 놀이터'를 꿈꾼다. 어쨌든 한국 사회에 놀이터 봇물은 터졌다. 이것은 바야흐로 우리 사회가 놀이터 담론을 끌어안을 수 있는 단계에 도달했음을 말해 준다. 큰 기업에서도 놀이터 짓기에 뛰어들 참인가 보다.

이래저래 올해는 대한민국에 놀이터 논의가 차고 넘칠 것이다. 이럴 때 놓치고 가면 안 되는 것이 있다. 무엇을 붙들고 가야 하는지 나는 이 책에서 주장한다. 그것은 짧게 말해 이렇다.

놀이터를 알고 싶고 아이들이 정말 원하는 놀이터를 만들고 싶다면, 반드시 아이에서 출발해야 한다. 그리고 아이에게 놀이가 무엇인지 고민하는 게 다음 순서이다. 더 중요한 것은 아이들이 왜 놀 수 없는지를 성찰해야 한다. 아이들은 놀이터가 없거나 놀이 헌장이 없어서 못 노는 것이 아니다. 아이에서 놀이를 지나 놀이터에 이르기를 바란다. 놀이터에 바로 뛰어드는 것은 무모한 일이다. 부디 이 차례를 지켜 놀이터에 이르기를 바란다. '아이들은 어떤 놀이터를 좋아할까?'가 아니라 '아이들한테 놀이란 무엇일까?'로 나아가야 하고 마침내 '아이들은 누구인가?'에 닿아야 한다. '놀이 불가능'을 사는 아이들과 과잉보호에 사로잡힌 아이들을 먼저 보자.

놀이터가 만만해 보이고 아이들한테 이런 거 만들어 줬어 하며 자기만족을 삼는다면 어리석다. 아이들이 놀 수 있는 삶의 여건은 쉽게 나아지지 않을 것이다. 놀이터 봇물이 어떻게 아이들 사이로 콸콸 흐르게 할 것인지 이 책이 조그만 호미나 삽과 같은 구실을 했으면 한다. 지금은 '놀이터 토건'이 아니라 '놀이터 가꾸기'를 고민할 때이다.

오래 붙들고만 있었지 도무지 진척이 없던 놀이터 공부 길에서 만난 독일의 놀이터 디자이너 귄터 벨치히(Günter Beltzig)는 놀이터에 대한 여러 상상을 주었고 내 아집과 오류를 신랄하게 바로잡는 데 무상의 도움을 주었다. 그는 놀이터 스승이나 교사의 자리를 거절했다. 그는 친구가 되어야 배울 수 있다고 했다. 이 책에 귄터의 한국 방문 내내 동행한 이야기와 우리 가족이 다시 귄터를 찾아간 이야기를 썼다. 귄터는 한국에서 나와 나눈 대담을 이 책에 옮겨 실을 수 있게 해 주었다. 또한, 귄터의 책이 『놀이터 생각』이란 제목으로 얼마 전 출간되었으니, 놀이터를 고민하는 벗들에게 일독을 권한다.

빠트려서는 안 될 사람이 있다. 제인 제이콥스이다. 그녀가 1961년에 쓴『미국 대도시의 죽음과 삶, The Death and Life of Great American Cities』은 이 책을 쓰는 내내 곁에 있었다. 이 책은 또한 그녀의 책에 크게 빚졌다. 그녀의 밝은 눈은 50년이 훨씬 지난 한국의 놀이터를 보는 데 여전히 유효하며, 우리는 아직 그녀를 읽어내지도 극복하지도 못했다. 도시의 놀이터는 그녀가 일찍이 간파했듯이 빛나는 전원도시 설계가들이 만든 '내부 고립 공간'임이 마침내 증명되었기 때문이다. 다른 것도 마찬가지지만 한국의 놀이터 또한 오래도록 정체되어 어디로 흘러야 할지 정처 없다. 그 사이 한국의 어린이 놀이터는 고립되었다. 심각한 것은 놀이터를 만드는 사람이나 놀이터에 가는 아이 모두로부터 놀이터가 고립되었다는 사실이다. 이 고립을 풀 수 있는 한 가닥 희망의 실마리를 제인 제이콥스는 내게 보여 주었다.

이 책은 또한 자기 사는 곳 가까이에서 놀이터 가꾸는 일에 오랫동안 헌신한 여러 지역의 놀이터활동가 벗들에게 크게 빚졌다. 그분들이 오랫동안 꾸준히 놀이운동을 하지 않았다면 현재의 놀이터 담론은 만들어지지 않았을 것이라 확신한다. 그 밖에도 유럽과 일본의 몇 도시에서 만난 놀이터활동가분들과 공무원분들께도 감사드린다. 그들의 아낌없는 자료 제공과 허물없는 인터뷰 또한 놀이터 생각을 풍성하게 만들어 주었다. 후지 유치원을 설계한 데즈카 다카하루·데즈카 유이 내외분께도 감사드린다.

놀이터를 고민하는 부모, 교육운동가, 놀이터활동가, 디자이너, 예술가, 건축가, 조경가, 정책입안자, 담당 공무원, 시공 설비 안전 감리 담당자, 놀이 기구 회사, 시민단체, 지자체 정치인, 건강한 기업들이 이 책을 읽었으면 한다. 아이를 위한 건축과 조경이 바로 놀이터이기 때문이다. 놀이터는 하나인데 이것을 자기 일에 따라 여러 개로 쪼개서는 안 된다. 이것이 놀이터 만들기의 커다란 함정이다. 정작 놀이터에서 놀 아이들은 이 모두를 하나로 받아들인다는 것을 깨우치면 함정에서 나올 수 있다. 놀이터를 철저히 아이들 관점에서 바라봐야 하는 까닭이다.

　아무쪼록 이 책이 놀이터 이야기가 풍성해지는 데 조금이나마 쓸모 있기를 바란다. 느지막이 태어난 막내를 온전히 돌보는 아내를 틈틈이 거들면서 쓴 책이라 내게는 더 소중한 책이 될 것 같다. 10년 넘게 놀이와 놀이터 여행에 함께한 다솔과 다원과 아내에게 고맙다는 말을 해야겠다. 올해 초등학교에 들어간 딸은 아빠, 엄마를 따라 세상의 노는 아이들과 놀이터를 보러 다니느라 고생을 많이 했다. 나의 놀이와 놀이터에 대한 생각은 언제나 가족으로부터 영감을 받는다는 것을 뒤늦게 알았다. 집과 가정이 처음이자 마지막이자 가장 중요한 아이들의 놀이터이다. 더불어 아무도 관심 두지 않는 아이들의 놀 공간에 대한 생각을 오래 들어주고 이 책을 쓸 수 있도록 여러 해 도움을 준 소나무출판사 식구들에게 고개를 숙인다.

귀촌 12년 여름을 맞으며,
편해문.

차례

여는 글 놀이터, Play보다 Ground가 중요하다 • 6

PART 1
놀이터 앞에서

나의 놀이터 이야기 • 16
아이들은 놀다가 다칠 권리가 있다 • 22
놀이터 밖에서 소진되는 아이들 • 26
놀이터에 갈 수 있다면, 그곳이 최고의 놀이터 • 29
놀이터 철거와 폐쇄, 아이들은 어디 가서 놀란 말인가 • 31
놀이 기구는 놀이터의 주인이 아니다 • 35
놀이란, 간섭과 제지와 금지에서 벗어나 하는 아이들의 모든 몸짓과 행동 • 41

PART 2
놀이터 디자이너

귄터와 함께한 일주일 • 52
귄터를 찾아가다 • 74

PART 3
놀이터 가꾸기

놀이터 붐에서 놀이터 봄으로 • 106
놀이터를 가꾸는 사람들 • 113
도서관에 앉아 놀이터를 꿈꾸다 • 129
우리 집 놀이터 • 138
노는 아빠, 노는 아이 • 148

PART 4
놀이터 밖에서

베를린의 동네 놀이터를 찾아가다 • 152
다시 가고 싶은 베를린 놀이터 다섯 곳 • 158
왜 우리는 코펜하겐 놀이터를 보러 갔나 • 176
주제가 있는 코펜하겐 놀이터 다섯 곳 • 200
고민 끝에 놀이 기구 회사를 찾아가다 • 218

PART 5
놀이터 너머

아이들은 자신의 한계 너머에서 배운다 • 232
안전한 놀이터, 지루한 놀이터가 위험하다 • 246
3세대 놀이터를 상상하다 • 262

맺는 글 놀이터는 아이들이 완성한다 • 278

PART 1

놀이터 앞에서

나의 놀이터 이야기

　나는 서울의 도시 변두리에서 어린 시절을 보냈다. 놀이터 하면 떠오르는 것이 세 가지가 있다. 첫 번째는 '하수도관'이다. 나는 지금도 이름 그대로인 서울 사당동 산동네에서 살았다. 서울이라지만 물을 공동 우물에 가서 지게로 길어다 먹던 곳이었다. 개발이 한창이던 그때 도시에서 가장 문제가 되는 것이 하수 처리 문제였다. 그래서인지 곳곳에 아이 키 높이 지름의 아직 땅에 묻지 않은 콘크리트관들이 동네 어귀에 쌓여 있었다. 그 콘크리트관을 우리 동네에서는 '노깡(일본어 どかん에서 온 말)'이라고 불렀다. 우리들의 놀이터이자 아지트이자 비밀 기지가 굴러들어온 셈이다. 길게 늘어 놓은 곳도 있었고, 포개어 2, 3층으로 쌓아 놓은 곳도 있었다. 나는 놀이터 판타지를 이곳에서 만났다.

　으슥한 해거름이 몰려오면 꼬맹이들한테 이 하수도관 속은 판타지를 만들어 내기에 모자람이 없었다. 그곳에서 다른 행성에 와 있는 것 같은 착각에 빠져 우주인 놀이를 거리낌 없이 했다. 도시에 임시로 야적된 조형물로 첫 놀이 기구와 만난 셈이다. 그 속에 들어가 이야기라도 할라치면 그 울림은 속을 파고들었다. 친구들과 지나가는 사람들을 숨죽여 관찰하기도 하였고 밤에 가서는 비밀 이야기를 쑥덕거렸다. '비밀 회합'이 이루어진

놀이터 앞에서

최초의 장소인 셈이다. 나는 그때 내 손으로 랜턴을 만들어 노깡 속 어둠을 몰아냈던 환희의 순간을 지금도 기억한다. 그 하수도관 속이 좀 익숙해지는가 싶더니 우리는 어느새 몇 층으로 김밥 쌓아 놓듯이 올려 놓은 하수도관 위를 획획 건너뛰고 있었다. 지금 생각해도 아찔하다. 그러나 아찔하지 않고서야 그것이 어떻게 우리를 사로잡는 놀이가 될 수 있겠는가. 우리는 오늘을 사는 아이들로부터 이런 '위험'을 스스로 맞닥뜨릴 기회를 앗아가고 있다. 그것을 고상한 말로 '안전'이라고 한다. 나는 놀이터 공부를 여러 해 하면서 왜 이런 기막힌 놀이터를 아이들이 만날 수 없는지 궁금했다.

내 두 번째 놀이터는 '돌산'이었다. 내가 살았던 사당동 산 24번지 어디쯤이었던 곳으로 기억한다. 지금 그 돌산은 흔적도 없다. 혹 사진이나 영상으로 달 분화구 모습을 볼 때면 언제나 그 돌산이 떠오를 정도로 원시적인 냄새를 풍기는 놀이 공간으로 기억 저 깊이 남아 있다. 지금은 돌산을 다 밀어내고 아파트가 그 자리를 차지했다. 친구들과 가장 자주 갔으며 어른들 간섭이라고는 받지 않고 놀았던 '돌산'이 뭉개지는 것을 보면서 우리 가족도 그곳을 떠나 한참을 떠돌았다. 철거였다. 돌산은 돌과 산이 함께 어우러져 있다는 뜻도 있고, 흙이 적고 돌 그것도 엄청나게 큰 바윗덩이들이 들쑥날쑥 무더기로 모여 있는 산을 말한다. 그런 다듬어지지 않은 공간이 주는 놀이터의 완결성과 해방감을 오늘 아이들은 어디에서 만날까. 놀이터는 이런 원형의 기억에서 출발해야 한다.

가장 높은 바위에서 친구들과 뛰어내리는 놀이를 하기도 했다. 땅에 내릴 때 충격으로 무릎과 턱이 부딪혀 다치기도 했다. 그러면서 뛰어내려도 다치지 않을 정도의 낭떠러지 높이는 어느 정도인지, 안 다치게 떨어지는 요령은 무엇인지 조금씩 몸에 익혔다. 그곳은 숨고, 찾고, 오르고, 내리고, 건너뛰고, 매달리고, 기고, 미끄러지고 등등 인간이 할 수 있는 모든 몸짓을 할 수 있는 곳이었다. 돌산은 '노깡'과 더불어 천혜의 놀이터였다. 그러나 둘은 분명히 다르다. 하나는 만들어진 것이고 하나는 자연이라는 것이다. 나는 새롭게 놀이터를 만들 때 이 둘의 관점이 모두 필요하다고 본다. 인공과 자연이 따로, 때로는 한곳에 조화롭게 있을 때 비로소 놀이터로서의 기본 조건이 만들어진다.

잊히지 않는 마지막 놀이터는 학교 운동장 놀이터의 '정글짐'이다. 지금은 학교나 놀이터, 공원에 이런 놀이 기구를 설치하려면 온갖 기준과 법령이 까다롭다. 당시만 해도 이런 놀이 기구는 솜씨 좋은 동네 '철공소'에서 쇠파이프를 용접해 만들었다. 이른바 '1세대 철공소 놀이 기구'인 셈이다. 좋았다. 지금 학교 운동장에 있는 어떤 놀이 기구와 견주어도 미학적으로 뒤지지 않는다. 철공소에서 만든 정글짐을 특히 좋아하고 잊지 못하는 것은 잠깐 쉬는 시간이나 점심시간이면 정글짐에 새까맣게 매달린 친구, 동생, 누나, 형들이 떠오르기 때문이다. 이렇게 사랑받던 놀이 기구도 흔치 않다. 그것은 우리가 만난 최초의 인공 산이었다. 그러나 이 정글짐이 남아 있는 학교 운동장은 많지 않다. 규격에 맞지 않고 위험하고 흉물스럽다는 이유이다. 그러면 아이들은 어떻게 세상을 배우지? 세상에서 아무 대꾸가 들리지 않는다.

이 책은 이렇듯 노깡과 돌산과 철공소 정글짐 놀이터에서 시작해 아시아와 유럽의 놀이터와 놀이 기구를 살피고 공부하는 어찌 보면 꽤 지난한 여정을 보여 준다. 나는 어려서 어떤 놀이터에서 놀았고, 오늘날 한국의 6만 개 놀이터는 얼마나 참담한 상상으로 만들고 있으며, 우리보다 먼저 놀이터를 고민한 곳의 상황은 어떤지 살펴보면서, 많은 아이들이 살고 있는 주택과 아파트 앞 놀이터로 돌아올 것이다. 정기용이 말했듯이 문제가 여기 있으면 해법도 여기 있을 테니까. 아이들의 놀 공간과 놀이터, 그리고 놀이 기구를 고민해야 할 때가 왔다.

그러니까 이 책은 자연에서도 멀어져 있고 실내 또는 정형화된 놀이터와 규격화된 야외 공간에 익숙해진 우리 아이들에게 어떤 놀이 공간이 필요한지에 대한 질문이다. 왜라는 질문으로 시작한다. **왜 대한민국 도시 놀이터의 놀이 기구는 한 회사에서 만들어 공급한 것마냥 똑같지? 왜 놀이터에 아이들이 없지? 왜 돈을 주고 실내 놀이터에 가서 놀아야 하지? 도대체 왜 그런 거지?**

한국의 놀이터를 바꾸지 않고는 아이들과 아이들을 돌보는 부모들의 삶이 나아지기 어렵다는 생각으로 글을 쓴다. 내 질문이 당신의 질문이 되길 바란다. 그래도 여전히 남는 질문은 있다. 극도로 도시화하고 문명화한 오늘을 사는 아이들을 키우는 것은 놀이터가 아니라 여전히 '골목과 거리'라는 사실이다. 이것에 관해서는 여전히 제인 제이콥스의 주장이 옳다. 놀이터는 거리나 보도와 도로와 늘 경쟁했지만 언제나 완패했다. 놀이터 역사는 거리나 보도와 도로에서 노는 아이들을 고립된 놀이터로 뺏어오는 역사였다. 다시 말해 놀이터로 아이들을 유인하기 위한 치장과 데코레이션의 역사가 놀이터의 역사였다는 말이다.

다른 일과 직무가 있고 또 필요한 훈련을 받지 않는 도시 사람들이 교사나 공인 간호사, 사서나 박물관 경비원, 사회복지사 같은 일을 맡을 수는 없다. 그러나 적어도 아이들이 흔히 하는 놀이를 감독하고 아이들을 도시 사회에 동화하는 일을 할 수는 있으며, 활기차고 다양한 보도에서는 실제로 그렇게 한다. 그것도 자신들이 하던 일을 계속 하면서 할 수 있다. 계획가들은 흔히 하는 놀이에서 아이들을 키우는 데 얼마나 많은 어른들이 필요한지 깨닫지 못하는 듯싶다. 또 장소와 설비가 아이들을 키우는 게 아님을 이해하지도 못하는 것 같다. 장소와 설비는 유용한 부속물일 수 있지만, 오직 사람만이 아이들을 키우고 문명사회에 동화시킬 수 있다. …… 실생활에서 아이들은 오로지 도시 길거리에 있는 평범한 어른들을 통해서만 성공적인 도시 생활의 원리를 배운다. ― 어쨌든 배운다고 한다면 말이다. 사람들은 서로 아무 관계가 없더라도 서로에 대한 공적 책임을 조금이라도 떠맡아야 한다. 이런 교훈은 말로 들어서 배우는 게 아니다. 당신의 **가족이나 친한 친구가 아니거나 당신에 대해 공식적 책임이 없는 타인이 당신을 위해 조금이라도 공적 책임을 떠맡는 경험**을 통해 배우는 것이다. 열쇠점 주인 레이시씨가 우리 아들이 찻길로 뛰어나가는 것을 보고 호통을 치고 나중에 남편이 열쇠점을 지나칠 때 애가 무단횡단을 했다고 알려 줄 때, 우리 아들은 안전과 질서 준수에 대한 명백한 교훈 이상을 얻는다. 동네의 공중 생활을 누리는 보도의 아이들은 도시 거주자들이 도시 거리에서 벌어지는 일에 대해 책임을 떠안아야 한다는 교훈을 거듭해서 배운다. 아이들은 놀라우리만치 일찍부터 그런 교훈을 흡수한다.*

* 제인 제이콥스 지음, 유강은 옮김, 『미국 대도시의 죽음과 삶』, 그린비, 2010, 123-124쪽.

아이들은 도시의 거리를 거닐며 자란다. 나도 그랬고 오늘을 사는 아이들도 변함없다. 그러나 대한민국의 도시는 아이들이 갈 곳도 놀 곳도 마땅치 않아 깃들 곳이 없다. 아이들 처지가 이러니 도시에서 부모들의 아이 돌보기가 얼마나 어렵겠는가. **마을 가꾸기 또는 도시 재생의 물꼬가 놀이터에서 마중물을 퍼야 한다.** 아이들은 좀 놀고 부모들은 좀 쉬고 해야 마을도 가꾸고 재생도 될 것이 아닌가. 집 가까이 있는 한국의 4만 개의 놀이터를 포기할 수 없다.

창의와 혁신을 부르짖는 나라에서 아이들 놀라고 만든 놀이터 앞에서 절망한다. 6만 개 놀이터가 공공 놀이터로 제구실을 다할 수 있을 때 아이도 살고 부모도 숨을 돌릴 수 있지 않을까. 이 짧지 않은 여정에 함께해 주신 분들이 반갑다. 놀이터에 들어가기 전에 한국 아이들이 지금 어떤 '놀이 생태계'에 놓여 있는지 잠시 살피는 일이 필요하다. 아이들을 알아야 놀이터 이야기를 할 수 있지 않겠는가. 아이들을 모르고 아이들을 알려고 하지 않으면서 놀이터만 짓겠다고 하는 분들은 꼭 읽기 바란다. 아이와 놀이라는 나침반이 없이 놀이터를 찾아가겠다는 것은 표류하겠다는 것이다.

아이들은 놀다가 다칠 권리가 있다

− 소비가 놀이, 마트가 놀이터

아이가 점점 짐스러운 존재가 되어간다. 아이와 함께 갈 곳도 아이를 받아 주는 곳도 찾기 어렵다. 그래서 한국에서 아이 키우기는 절망과 좌절의 번갈아 뺨 맞기다. 정작 아이들이 짐스러운 까닭은 따로 있다. 돈이 너무 많이 든다. 이제 아이들은 돈을 내놓으라고 한다. 초등학교 5, 6학년 아이가 "엄마는 사는데 나는 왜 못 사게 하느냐!"고 따진다. 부모 또한 무얼 살 궁리에 빠져 있고 아이들 또한 무얼 살 때 잠깐 행복을 맛본다. 누구처럼? 엄마, 아빠처럼. 소비는 이렇게 아이들의 놀이가 되었다. 쇼핑이 당신의 즐거움인 것처럼. 5, 6학년 아이들이 하루의 많은 시간을 보내며 하는 생각은 '아! 사고 싶다. 입고 싶다. 바르고 싶다'이다. 대한민국은 지금 사기 위해 공부시키고 더 사기 위해 공부한다.

부모와 아이, 둘 다 소비자가 되었다. 그래서 나는 한국의 5, 6학년 아이들을 어린이의 범주에서 속절없이 떠나보내고 있다. 묻고 싶다. 당신은 어떻게 사들이고 소비하면서 아이들과 지내고 있는지? 이렇듯 소비가 부모와 아이들의 오락이 되어갈 즈음, 놀이는 버려졌다. 아이들에게 소비의 시작은 놀이의 종말을 뜻한다. 이제 막차에서 내려 마트로, 실내놀이터로, 체험으로, 쇼핑으로 달음박질칠 일만 남는다. 그렇게 대한민국 마트가 아이들의 놀이터가 되었다. 부모와 아이들이 동네 놀이터보다 더 자주 가고 좋아하는 곳이 마트다. 마트에서 카트에 물건을 담는 것이 아이들의 놀이가 되었다. 이렇게 소비가 아이들의 놀이가 되면서 배움도 불가능해졌다. 이게 돈으로 아이 키우는 우리들의 자화상이다. 많이 놀고 넘치게 사랑하고 모자라게 키워야 하는데, 거꾸로다. 다 같이 아이와 소비하며 살자고 메신저와 SNS로 구매와 사용기를 실어 나른다. **돈으로 아이 키우기를 멈추는 바로 그 지점에서 교육은 비로소 시작되고 아이는 살아나고 놀이 또한 싹이 틀 것이다.** 돈으로는 아이들을 한 치도 키울 수 없을뿐더러 메신저와 SNS로는 더더욱 어림없다.

아이들은 놀이를 엄마한테 허락을 받아야 놀 수 있는 것으로 정의한다. 대한민국 아이들은 지금, 물어 보고 놀아야 하는 시대를 눈치 보며 통과하고 있다. 아이들이 앞으로 살 세상을 떠올려 본다. 지금보다 더 촘촘하게 삶을 옥죄는 사나운 세상일 것 같다. 이 대목을 아이 키우는 부모는 깨우쳐야 한다. 그런데 도무지 깨우칠 수 없다. 머릿속에 광고만 가득하기 때문이다. **부모가 사는 게 사는 게 아니다 보니, 아이들도 노는 게 노는 게 아니다.** 부모는 돈 버는 일에 올인하고 아이는 마트라는 놀이터에서 소비 놀이를 기웃거린다. 부모와 아이, 둘 사이에 은밀한 합의마저 이루어진다. 그래서 우리는 노는 아이 꼴을 볼 수 없게 되었다. 나아가 다른 집 아이도 놀지 못하게 깊이 연대한다.

놀지 않고 어린 시절을 보낸 아이가 세상을 건강하게 살기란 쉽지 않다. 놀면서, 죽고, 살고, 이기고, 지고, 되고, 안 되고를 피 한 방울 마음에 상처 하나 입지 않고 숱하게 겪을 수 있도록 도와줘야 부모이다. 아이들이 어린 시절에 삶의 기운, 생기라는 것을 몸 가득 담아야 하는데, 그걸 도와주기는커녕 방해하고 있다면 당신은 부모인가.

10살까지, 이 시기는 다시 오지 않는다. 10년이라는 시기에 아이들이 평생 쓸 삶의 밑바닥 힘을 놀이로 다질 수 있게 하자는 사회적 합의의 물꼬를 터야 한다. 아이는 놀아야 산다는 절박함을 부모와 교사들에게 호소한다. 다행스럽게도 한국 사회 곳곳에서 아이들의 가장 기본적인 놀 권리를 누리고 돕는 아이와 어른들이 조금씩 늘고 있다. 이런 모습이 곧 우리의 일상이 되길 바란다. 이제 한국 사회는 아이들을 데리고 할 극한의 실험 카드가 더 없기 때문이다.

내 공부는 아이에서 출발해 놀이를 지나 놀이터에 이르렀다. 놀이터 하면 먼저 떠오르는 것이 '위험'이다. 다칠까 봐 못 내보내겠다는 것이다. 아이들 안전을 염려하는 부모에게 말하고 싶다. **아이들은 작고 자주 다쳐야 크게 안 다친다.** 아이들이 안정 속에서 위험을 만날 수 있게 하는 게 부모이다. 때론 다치면서 삶을 겪도록 하자. 아이들은 다칠 권리가 있다.

체험 이야기도 짧게 하겠다. 지금의 체험은 놀이도 학습도 아니다. 현재 조립 수준을 넘지 못하는 한국의 기획된 체험의 난립에 아이들을 맡겨서는 안 된다. 돈 쥐어 어디 보내고 뭐 사주는 게 부모가 할 일이 아니다. 물건을 사지 않고 아이와 10년을 보낼 궁리를 하는 부모를 만나고 싶다. 그게 사람의 부모이다. 돈 들이지 않고 놀 수 있어야 그게 놀이다.

"아이들은 놀기 위해 세상에 온다"는 말을 한 지 꼭 10년이 되었다. 그리고 3년 전 "아이들은 놀이가 밥이다"는 이야기를 했다. 아이들이 놀기 위해 세상에 온다고 말하고 다니던 시절에 내가 생각한 아이들 나이는 13세, 초등 6학년까지였다. 그로부터 7년이 흐른 뒤 아이들 나이를 10세로 줄여 잡았다. 7년 사이 한국 사회에서 아이들 삶 3년이 그렇게 날아갔다. 누가 무엇이 그렇게 했을까.

오늘, 대한민국에 사는 초등학교 5, 6학년 아이들은 무엇을 하고 싶어 할까? 비석치기와 사방치기라 생각하는 분은 별로 없을 것이다. 이 글을 읽는 당신의 평소 욕망의 내용과 지금 이야기할 초등학교 5, 6학년 아이들이 하루의 많은 시간을 보내며 생각하는 것이 같다면, 놀라 주시라. 바로 이야기하자. 오늘 대한민국 초등학교 5, 6학년 아이들이 하루 대부분을 보내며 하는 생각은 게임이나 컴퓨터나 메신저가 아니라 '사고 싶다'이다. 왜 나는 저것이 없을까. 저것을 사려면 어떻게 해야 할까라는 번뇌로 하루를 보낸다. 사 주지 않으면 꼼짝도 하지 않는 아이들이다.

누구처럼? 그렇다, 당신처럼. 아이들이 지금 빠져든 놀이와 하고 싶은 놀이는 진정 사는 놀이다. 이렇게 소비는 아이들의 놀이로 자리 잡았다. 밖에서 동무들과 어울려 마음껏 뛰놀 때 즐겁고 행복한 순간과 맞닥뜨리는 것이 아니라, 오직 살 때 행복을 느끼는 초등학교 5, 6학년 아이들이다. 포켓몬스터 딱지를 가지고 놀 때가 아닌 축적할 때 즐거운 초등학교

5, 6학년이다. 누구한테 배웠을까. 오로지 살 때 행복한 아이를 볼 때, 쇼핑을 욕망하며 행복해 하는 부모와 교사인 당신이 떠오른다.

한 현인이 이런 말을 했다. "아이들 몸과 마음과 영혼을 망가뜨리고 싶으냐? 어떻게 해야 합니까? 사 줘라. 또 사 줘라." 있는 집들 잘 들어 주시라. 이미 아이들을 저잣거리에 내던진 집들이 차고 넘친다. 없는 집들 더 잘 들어 주시라. 사 주면 아이들은 시나브로 망가진다. 소비는 아이들 놀이의 무덤이다. 엄마, 아빠란 뭔가를 사 줄 수 있는 사람으로 정의 내리며 아이들은 소비 놀이의 한복판으로 뛰어든다. 주변의 모든 것이 이를 돕는다. 마트가 아이들의 놀이터가 된 까닭이다.

밤마다 인터넷 쇼핑몰을 뒤지며 사고 싶은 것을 사거나 사지 못해 안달하는 부모의 모습을 아이들이 다 보고 느낀다는 것을 당신만 모른다. 쇼핑이라는 삶에 절어 있는 당신과 우리가 사는 세상에 관한 상식적인 대화가 가능하지 않은 것처럼 '사고 싶다'는 소비 놀이에 폭 절어버린 아이들한테 교육이라는 것, 배움이라는 것은 가능하지 않다. 그것은 망상이다. 사면 바로 행복한데 뭘 귀찮게 공부하고 있겠는가. 사지 않고 사 주지 않고 아이들과 지내는 부모를 만나고 싶다. 만약 사야 하고 사 주어야 할 것이 있다면 아이가 말귀를 알아들을 수 있을 때부터 사기 전에 백 번을 생각할 수 있는 부모를 만나고 싶다. 아이를 사랑한다면 아이 앞에서 지갑을 열지 않는 것으로 당신의 사랑을 이 자본의 한복판에서 증명하시라. 마트가 놀이터가 되고 소비가 놀이가 된 세상일지라도.

놀이터 밖에서 소진되는 아이들

한국에서 아이를 키우는 일은 부모와 아이의 선의와 바람과는 상관없이 끝없이 아이를 좌절시키는 일이다. 이제 한국에서 부모가 된다는 것은 이렇듯 아이들을 제지하고 주저앉히지 않고는 아이들과 일상의 삶이 가능하지 않다는 것을 뼈저리게 몸소 체득해 가는 과정, 그 자체가 되었다. 기막히지만 이것이 오늘을 사는 부모와 교사와 아이들이 놓인 현실이고 그 현실은 당연하게도 우리의 오랜 삶의 지향과 욕망의 결과이다. OECD 국가 중 아이들 삶의 만족도가 꼴찌라는 것에 의외라는 듯 설레발칠 일은 없다. 왜냐하면 우리나라처럼 이렇게 아이를 무릎 꿇리고 제지하고 간섭하고 주저앉히고 밀어붙이는 것이 가정과 학교에서 일상화가 된 나라를 찾기 어렵기 때문이다.

이렇게 한국에서 십몇 년을 보낸 아이들이 너나 할 것 없이 앓는 질병이 있다. '학습된 무기력'과 '자발적 복종'이다. 부모는 집에서 교사는 학교에서 아이들에게 뭔가를 하지 못하게 하고, 아이들은 집과 학교에서 자기 자신의 결대로 크지 못한 채 연일 제압을 당한다. 이 울타리 속에 갇혀 있는 아이들에게 삶의 질에 관해 물을 무엇이 있겠는가? 그 책임이 부모인 나와 교사인 나에게 있다는 것을 먼저 순순히 받아들여야 한다. 제도와 시스템과 상대편을 탓하는 것은 어리석은 일이다. 그것들은 언제나 그대로였고 앞으로도 그럴 것이다.

한국 아이들의 일상에 깊고 무겁게 깔린 '학습된 무기력'과 '자발적 복종'의 후유증과 파괴력은 가공할 만한 수준이다. 이것은 가랑비에 두꺼운 옷이 젖듯 시나브로 아이들 일상을 파고들어 마침내 한 인간의 삶의 의지와 기운을 무너뜨린다. 무언가 판단해야 하고 뒤이어 몸을 일으켜 행동해야 하는 일을 내 일이 아니라 생각한다. 그리고 일이 어떻게 되든지 마냥 밖에서 누군가로부터 지시와 명령이 들리지 않으면 그냥 그 자리에 머문다. 학습된 무기력은 자발적 복종으로 진화한다. 아이들을 이런 상황에 몰아넣어 놓고, 너희 삶의 질이 어떠냐고 묻는 것은 아이들에 대한 모욕이다. 바야흐로 복종과 학습하는 기능만 갖춘 '어린 신민' 만들기 프로젝트가 완성되었고, 그 결과 OECD 국가 가운데 뭐든지 끝자락이다.

내가 직장의 개가 아닌 것처럼, 아이들 또한 부모와 교사의 애완견이 아니다. 아이들도 나와 똑같이 속박을 못 견뎌 하는 자유의지를 갖춘 한 인간이라는 것을 안다면 아이들이 겪는 어려움에 함께해야 한다. 내가 직장에서 굴욕과 좌절을 견디며 이렇게 일하는 것처럼 너희도 그렇게 공부하라고 한다면, 가혹한 일이다. 어른들 삶이 도무지 곁을 돌아볼 수 없고 날마다 날 선 긴장으로 보내야만 하더라도, 아이들은 인간으로서 최소한의 품위를 지키면서 살 수 있도록 도와야 한다. 왜냐하면 아이들은 배울 권리는 있지만 의무까지는 없기 때문이다. 어른은 아이들이 배우도록 여건을 만들어 줄 의무는 있지만, 배움을 강제할 권리는 없다. 이것이 아이를 돌보는 품위 있는 태도이다.

놀이에서 빠지기 쉬운 또 하나의 명제가 있다. 놀이와 창의성을 하나로 보는 시각이다. 교육하는 동네에서는 놀이와 창의성을 연관 짓기 좋아한다. 이 둘을 묶어 논의를 펴는 심정은 이해하지만, 창의성이 놀이를 선전 도구화하는 것을 더는 볼 수 없다. 놀이와 창의성의 선후 관계가 한국은 뒤바뀌었다. 그 결과 놀이를 천박하게 수단화하는 여러 경향을 만들어 냈다. 이것은 마치 '잘 놀면 집중도 잘하고 그러면 공부도 잘한다'라는 사교육의 강령과 다를 바 없다.

다시 말해 **놀이는 창의성을 높이거나 공부를 잘하게 하는 보조수단으로 자리매김하는 허울**

을 벗어던질 때 본디 모습에 다가갈 수 있다. 놀이를 따로 포장할 필요가 없다. 놀이는 이런저런 것들을 기르거나 도움을 받을 수 있어 하는 것이 아니다. 이것은 놀이에 대한 강한 모욕이다. 놀이는 자유를 만나는 유일한 길이며 그래서 마침내 해방된 인간으로 나아가는 드문 통로라고 나는 정의한다. 놀이가 '창의적 문제 해결 능력' 같은 기능적 접근으로 빠질 때 현재 우리가 안고 있는 교육 문제와 사회적 폐해를 놀이에서 고스란히 되풀이하는 오류를 범할 수 있다는 점을 살펴주기 바란다. 놀이는 놀이이고 학습은 학습이다. 놀이는 학습이 될 수 없다.

우리 아이들 삶의 질은 왜 오래도록 바닥에서 벗어나지 못할까. 부모와 교사와 사회가 아이들에게 들이미는 수많은 학습과 시험과 체험과 커리큘럼과 프로그램과 창의성 계발과 음악회와 전시회 관람에 아이들이 질려 버렸기 때문이다. 무지막지한 배움의 가짓수와 양에 말이다. 왜 어린아이를 일찌감치 배움에 질리게 하지 못해 안달인가. 게다가 좋다는 곳을 찾아 마구잡이로 아이들을 끌고 다니며 아이들 진을 다 빼놓는가. 아이들 놀이를 막는 것은 그들을 말 잘 듣는 일꾼으로 서둘러 사회화시키려는 어른들의 단수 높은 전략이다.

부모와 교사들이여, 왜 아이들을 질리게 하고 진을 다 빼는 데 그렇게들 열심인가. 놀이터도 지루하고 삶 또한 지루하다는 것을 아이들은 일찍 깨닫는다. 그래서 대한민국 아이들은 소진되어 버렸다. 아이들을 좀 놔 둬라. 초등학교 5, 6학년만 되어도 뭔가 배우는 것에 진절머리를 치는 아이들을 보라. OECD 아이들 삶의 만족도 꼴찌에서 보여 주듯 아이들은 자기들한테 더는 이러지 말라고 한다. 나를 시장에 팔아치울 제품 만들 듯 조립하고 포장하지 말라고 한다. 오늘 집과 학교에서 아이들을 풀어 달라. 당장 좋은 놀이터는 필요 없으니 놀이터에 갈 수만 있게라도 해 달라.

놀이터에 갈 수 있다면, 그곳이 최고의 놀이터

2014년 10월 29일 '함께 만드는 우리동네 어린이놀이터 정책토론회'가 열렸다. 반가운 일이다. 놀이터와 관련된 많은 분들의 발제가 있었다. 아이들도 와서 꿈꾸는 놀이터 이야기를 했다. 여기에 그날 있었던 정책 토론을 요약할 생각은 없다. 다만, 자리에 앉아 여러 발제자의 이야기를 들으면서 들었던 생각 몇 가지를 옮겨 보려고 한다. 토론회장의 분위기는 뜨거웠다.

아무래도 2015년은 '놀이터 원년'으로 자리매김할 것 같다. 새로운 놀이터는 필요하고, 그런 놀이터를 지어야 한다는 것에 나는 일찍이 동의했다. 다만, 차례를 밟아야 한다. 그날 토론회는 혼란스러움이 있었다. 발제의 한쪽은 놀이터 짓기에 할애되어 있었고 나머지 한쪽은 학교 운동장과 동네 놀이터에서 아이들과 함께 놀았던 놀이활동가들의 이야기로 채워졌기 때문이다. 앞으로 한국의 놀이터 논의는 이 둘을 하나로 모아낼 수 있을지에 열쇠가 달려 있다.

앞으로 좀 더 깊은 논의가 다시 있을지 모르겠지만 이 둘이 봉합되지 않고는 놀이터 논의는 토건으로 끌려갈 가능성이 많다. 그날 토론회에서 그런 기류가 흐르고 있어 걱정스러웠다. 어떻게 해야 할까? 물론 나 또한 답을 갖고 있지 않다. 답을 가지고 있는 사람이나 집단은 아직 존재하지 않는다. 그 답을 토건 형식이랄지 커뮤니티 형식이랄지 성급하게 내놓으려는 집단은 있을 수 있다. 그러나 이 조화는 그렇게 단순한 일이 아니다. **한쪽은 하드웨어에만 관심을 두고 한쪽은 소프트웨어에만 관심을 가져서는 곤란할 뿐 아니라, 그렇게 되었을 때 힘센 토건과 건설 하드웨어에 끌려갈 공산이 크다.** 아이들 놀이 공간에 대한 진정성을 알기까지는 시간이 필요하다. 토론회 끝자락에 짧은 시간을 얻어 했던 이야기를 아래에 옮긴다. 지금 봐도 좀 격한 감정이 묻어난다.

아이들이 혁신적이고 창의적이고 생태적인 놀이터가 없어 놀지 못하는 게 아닙니다. 아이들은 놀이터에 갈 수가 없습니다. 아이들은 놀이터에 갈 시간이 없습니다. 놀이터에 가도 함께 놀 친구가 없습니다. 왜냐하면, 아이들에게 놀이터란 부모의 허락을 받아야 갈 수 있는 곳이기 때문입니다. 그저 그런 허접한 놀이터라도 아이들이 갈 수만 있다면 아이들은 그곳을 최고의 놀이터로 만듭니다. 놀이터를 새롭게 만들 때, 이 점이 간과되면 '놀이터 토건'으로 갈 가능성이 큽니다. 이 점 깊이 헤아려 주시기 바랍니다. 대형마트에서 주택 가까이까지 치고 들어오는 돈 내고 노는 '놀이터 사유화'의 거센 바람에 맞서 놀이터 제자리 찾기에 애써 주시기 바랍니다.

놀이터 철거와 폐쇄, 아이들은 어디 가서 놀란 말인가

놀이터 앞에서

오래된 책이 있다. 1977년에 나왔으니 40년이 넘은 책이다. 젊은 이오덕이 쓴 『이 아이들을 어찌할 것인가』이다. 최근 국내 어린이 놀이터 돌아가는 모습을 보며 이오덕의 책 제목이 '이 아이들은 어디 가서 놀란 말인가'로 바뀌어 다가왔다. 올해는 짐작건대 한국에서 '놀이터 난개발'이 시작되는 첫해가 될 것이다. 너도나도 여러 집단들이 여기저기에 놀이터를 짓겠다고 어수선하다. 여기에 대기업, 지자체, 환경부까지 가세해 점입가경이다. 이런 흐름이 아이들이 놀 공간에 대한 배려가 턱없이 부족했던 그간의 사정으로 본다면 반가운 일이어야 하는데, 마음 한쪽이 뭐에 꾹 눌린 것처럼 불편하다. 한편에서는 놀이터를 크고 보기 좋게 짓겠다고 아우성이고, 한편에서는 어린이놀이터 안전관리 설치 검사에 불합격을 받거나 검사를 신청하지 않은 놀이터를 국민안전처가 2015년 1월 27일 폐쇄 또는 철거했기 때문이다.

이 절체절명의 처지에 놓인 전국 놀이터의 숫자는 3월 26일 현재 1,813개이고 서울이 456곳이다. 이렇게 폐쇄에 처한 놀이터 형편은 어떨까. 1월 27일을 앞뒤로 이 놀이터는 아이들이 들어갈 수 없게 펜스가 쳐지고 경고장이 붙고 철거를 시작했다. 만약 아이들이 들어가 놀면 놀이터 관리 주체는 1년 이하의 징역 또는 1,000만 원 이하의 벌금을 내야 한다. 이 무슨 일인가? 놀이터 안전에 문제가 있으면 안전하게 고쳐서 아이들이 놀 수 있도록 해야지 폐쇄와 철거라니 말이 아니다. 세월호 이후, 위험하니까 없앤다는 상상이 나를 질리게 한다.

아이들은 지금 당장 놀 곳이 필요하다. 더욱 기막힌 것은 이렇게 불합격되거나 처음부터 신청하지 못해 검사에 떨어진 놀이터가 대부분 오래된 주택과 낡은 아파트 가까운 놀이터라는 점이다. 2015년 4월 기준 총 64,761개 어린이 놀이시설 중 설치 검사를 받지 않은 1,447개 놀이터가 사용 금지 중이다. 이곳에 사는 아이들은 다른 지역에 사는 아이들보다 놀 공간이 매우 열악하고 놀이터가 유일한 데도 이번에 적용되는 〈어린이놀이시설 안전관리법〉이 그 놀이터조차 없애려 하니 숨을 몰아쉴 수밖에 없다. 의도와는 정반대로 아이들을 더 위험한 곳으로 내몰게 될 것이 뻔하다.

문제는 어린이놀이시설을 관리하는 주체와 소관부처가 제각각이라는 점이다. 도시공원과 주택단지는 국토부가, 어린이집은 복지부가, 유치원과 학교는 교육부가, 목욕장·휴게시설·식품접객업·대규모점포·의료기관·학원·놀이영업소는 식약처가 소관부처이다 보니 일관된 놀이터 정책을 펴기 어렵다. 특히 문제가 되는 것은 2015년 3월 26일 현재 전국의 64,494개 놀이터의 운영관리대상을 살펴보면 공공놀이터시설이 20,092개(31.2%)이고 민간놀이터시설이 44,402(68.8%)개로 민간놀이터시설이 압도적으로 많지만, 놀이터 정책과 수혜가 공공 놀이터에만 집중되고 있어 실제 주거지역에 가까운 놀이터가 제대로 관리되지 못하고 방치되는 점이다. 이제는 놀이터 소관부처의 통합과 민간놀이터시설을 공공 영역으로 껴안아 체계적으로 관리하는 시스템을 만들 때이다.

아이 낳고 키우기 좋은 세상은 말만으로 만들어지는 것이 아니다. 이를 개선하기 위해서는 제도화·법제화가 필요한데, 이를 위해 국회에서 발제도 했다('대한민국 64,494개 놀이터 혁신을 위한 진단과 구상'). 형편이 나은 곳에 사는 아이들은 굳이 놀이터가 아니더라도 이런저런 스포츠와 레저와 체험활동이 가능하지만, **2008년 이전에 지어져 지금 당장 놀이터가 문을 닫아야 하는 곳 가까이 사는 아이들에게 놀이터란 단언컨대 이 도시에서 그들에게 허락된 마지막 대지이다.** 양보할 수 없는, 더 물러날 곳이 없는 장소란 말이다.

이 법의 시행은 놀이터의 심각한 불균형과 갈등을 만들고 있다. 나는 이러한 이유로 1월 27일 법 집행을 반대한다. 유예기간을 늘리고 담당 지자체에 놀이터 개보수 예산 확보를 요구한다. 놀이터 안전 검사에 떨어지거나 신청조차 못한 놀이터를 어떻게 살릴 것인지에 대한 대책이 마련되어야 한다. 놀이터는 너희 동네니까 너희가 알아서 하라고 할 대상이 아니다. 놀이터는 '1급의 공공 영역'이다. 이 법의 집행은 돌봄의 사회적 토대를 정부 스스로 무너뜨리는 일이 될 것이다. 그렇다면 왜 이런 무리한 법 집행이 주민과 아이들의 동의 없이 이루어지는 걸까.

첫 번째는 놀이터의 철거와 폐쇄가 이 공간을 다른 공간으로 활용하려는 전 단계 정지 작업이 될 수 있다고 본다. 그런데 왜 그곳이 어린이 놀이터여야 하는가. 놀이터를 철거

해 그곳에 예컨대 주민 편의시설 등을 넣으려 한다. 이른바 '총량제'이다. 전형적인 아이들 코 묻은 돈 빼앗는 치졸한 일이다. 아이들을 생각하지 않는 사회로 들어서는 셈이다. 두 번째는 누가 이런 일로 이익을 보는 것일까. 나는 누가 이익을 볼 것인지 알고 싶지 않다. 그러나 최대의 피해자는 분명하다. 그것은 아이들이고 나아가 그들을 돌보는 부모들이다. 도시에서 아이들과 갈 곳이 없는데 어떻게 아이를 키울 수 있겠는가. 함께 반대해야 하고 대책을 마련해야 한다. 셋째는 비판보다 바람으로 마무리하고 싶다. 나는 놀이터 관련 일련의 사태를 지켜보면서 아이들의 놀 공간을 대하는 한국 사회의 태도가 무엇인지 생각한다. 그것이 다름 아닌 아이들을 대하는 우리 사회의 자화상이고 세계관이기 때문이다.

당신은 놀이터를 어떻게 보는가. 그것은 당신이 아이들을 어떻게 생각하고 있는지를 말해 준다. 먼저 동네 작은 놀이터부터 텃밭 가꾸듯 가꿔 모두 되살려야 한다. 대규모 랜드마크로 지어지는 보여 주기 놀이터 예산을 폐쇄와 철거 위기에 처한 1,367개 동네 놀이터로 나눠야 한다. 공원에 큰 놀이터 1개 짓는 데 드는 예산과 동네에 작은 놀이터 10개 짓는 예산이 같을 수 있다. 작은 놀이터 10개에서 노는 아이들 수보다 큰 놀이터 1개에서 노는 아이들이 훨씬 많을 수 있다. 이런 선택의 길목에서 행정은 큰 공원 놀이터 1개 짓기를 선택할 것이다. 그러나 아이를 돌보는 부모를 생각해야 한다. 가까운 곳에 일상 속에 놀이터가 있어야 한다. 그곳이 놀이터이다. 그곳은 도시에서 아이들과 부모가 무상으로 가서 숨을 돌릴 수 있는 마지막 '곳'이기 때문이다.

놀이 기구는 놀이터의 주인이 아니다

〈어린이놀이시설 안전관리법〉 제13조 및 제16조 제5항에 따라 전국적인 놀이터 폐쇄와 철거가 있은 지 여러 달이 흘렀다. 놀이터 안전 검사에 불합격하거나 안전 검사 자체를 받지 않아 폐쇄되거나 철거된 놀이터가 곳곳에 눈에 띈다. '이용금지'가 인쇄된 이름도 험한 '봉쇄 테이프'가 놀이 기구를 칭칭 감고 봄바람에 떨고 있다. 아이들도 보이지 않고 이렇다 저렇다 문제 삼는 주민도 드물다. 이런 놀이터 풍경 한가운데서 아이들의 '놀 권리'를 떠올리려니 힘겹다. 우리 사회는 놀이터 폐쇄와 철거를 통해 아이들을 향한 경멸의 퍼포먼스를 보여 주고 있다. 이제 다음 차례는 무엇일까. 하염없는 장기 방치이다. 행한 놀이터에 봉쇄 테이프로 둘둘 감겨 있는 놀이 기구의 모습은 오늘 대한민국 아이들 모습 그대로이다. 안전을 외치며 아이들을 꼼짝 못하게 책상과 실내에 묶어 놓는 것과 어찌 이리 똑같을까. 어제까지 놀던 놀이터가 왜 저렇게 되었는지 물을 수 없어 아이들은 홀로 한숨 짓는다.

이해할 수 없는 한 가지는 놀이 기구가 안전기준에 닿지 못해 생기는 일을 놀이터 전체로 확대해서 놀이터의 나머지 너른 공간조차 쓰지 못하게 하는 처사이다. 이것은 놀이터가 얼마나 놀이 기구 위주의 사고에 사로잡혀 있는지를 여실히 보여 준다. **사실 아이들은 놀이 기구보다 놀이 기구 언저리에서 더 오래 더 자주 논다.** 이것은 놀이터에서 아이들 노는 것

을 조금이라도 눈여겨본 사람이면 금방 알 수 있다. 놀이 기구가 문제라며 왜 놀이터를 폐쇄하느냐 말이다. 또한 이번 놀이터 폐쇄와 철거 이후에 엄청난 아이러니가 드러나고 말았다. 그것은 진정 아이들이 마음껏 뛰어놀기 좋은 놀이터의 첫 번째 조건은 무엇인가 하는 것이다.

놀이터의 파라다이스를 나는 철거된 놀이터에서 목격한다. 철거된 놀이터는 마침내 거치적거리는 것 하나 없는 너르고 평평한 곳이 되었다. 가장 이상적인 놀이터가 만들어진 셈이다. **놀이 기구 없는 놀이터 말이다.** 아이들은 이런 곳에서 달리고, 잡고, 치고, 노는 것을 어떤 놀이보다 즐긴다. 아무것도 없는, 비용이 크게 들어가지 않는 놀이터를 상상하자. 그런데 이런 놀이터를 반대하고 상상하지 못하게 하는 집단과 사람이 누구인가 물었더니 그것은 '법'이었다. 〈어린이놀이시설 안전관리법〉 제2조 2를 보면 "어린이놀이시설이라 함은 어린이 놀이 기구가 설치된 놀이터로서 대통령령이 정하는 것을 말한다"라 되어 있다. 법

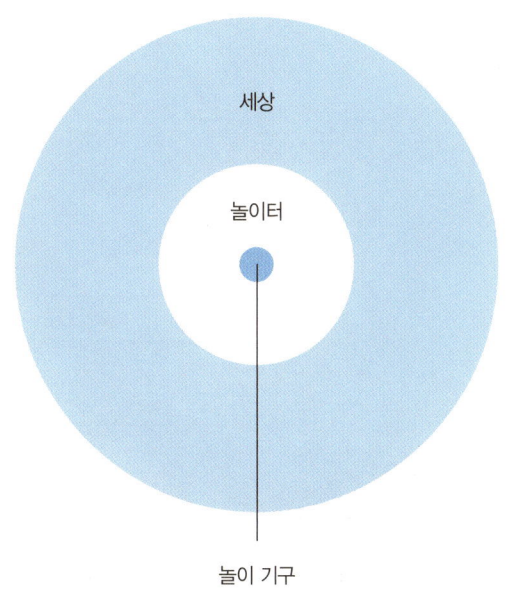

을 넘어야 한다. 규제와 제한을 넘는 것이 진정한 '상상력'이다. 〈어린이놀이시설 안전관리법〉은 관리주체를 위한 법이지 아이들을 위한 법이 아니다.

놀이 기구는 하나의 점이고 놀이터는 작은 원이다. 점과 원 밖에 세상이라는 아이들의 실제 놀이터가 커다랗게 존재한다. 놀이 기구와 놀이터를 하나로 보려는 고정된 사고가 아이들 놀이 공간을 조악하게 만드는 가장 큰 장애물이다. 아이들은 놀이 기구에서 노는 것이 아니라 놀이터에서 놀고, 놀이터에서 놀기보다는 세상에서 논다. 놀이 기구 없는 놀이터를 상상하지 못하는 까닭은 반복된 시각적 학습의 결과일 뿐이다. '놀이 기구 필수론'은 놀이터에 골고루 분배되어야 할 놀이터 짓는 비용이 놀이 기구 하나 사다가 꽂는 데 집중하게 만들어, 나머지 놀이터 공간을 매우 부실하게 마무리하도록 강제한다. 놀이 기구의 가격은 터무니없다. 놀이 기구에 집중된 이러한 생각은 장기적으로 놀이터를 황폐화한다. 또한 붙박이식 놀이 기구 위주의 놀이터는 '놀이의 가변적 특성'이라는 아이들 놀이의 중요한 특징마저 가로막는다. 속이 텅 빈 플라스틱 놀이 기구가 왜 대당 수천만 원을 넘는지, 야자수는 왜 있는지, 친절한 설명을 듣고 싶다.

이제 놀이 기구를 놀이터의 랜드마크로 삼으려는 사고에서 벗어나야 한다. 이것은 효율적이지도 않고 상식적이지도 않다. 비용 분배의 불균형도 심각한데, 놀이터에 '놀이 기구 필수론'을 펴는 사람이나 집단의 속내는 무엇일까. 이렇듯 놀이터의 질을 형편없이 떨어뜨리는 일차적 원인으로 나는 '놀이 기구 필수론'을 지목한다. 그에 따른 비용 지출의 편중에 대해 관련 주체들의 성찰이 필요하다. 놀이터를 새롭게 만들 때 생기는 고비용 문제를 풀 수 있는 실마리 또한 여기에 있다. 아이들은 놀이터 밖에서 논다. 그리고 놀이터는 아이들 삶의 반경을 한껏 좁혀 놓는다. 놀이 기구는 어떠한가. 놀이터보다 더욱 극악하게 아이들 놀이 공간을 축소한다. 그러니까 놀이터는 아이들 놀이의 막다른 골목이며 놀이 기구는 아이들 놀이의 생색인 셈이다. 잘 만들었다고 하는 서울의 한 상상어린이공원 놀이터에서

파키스탄, 2011.

아이들을 만났다. 이 놀이터 한가운데 대당 억대 놀이 기구가 놓여 있다. 그런데 놀이 기구에 올라가서 노는 아이는 거의 없었다. 한 무리의 아이들이 놀이터 구석에서 잡기 놀이를 하고 있었다. 왜 저 놀이 기구에 가서 놀지 않는지 물었더니, "이게 더 재미있어요. 저거 재미없어요"라는 대답을 들었다. 이 점을 헤아리고 놀이터와 놀이 기구를 고민하자. **놀이 기구 없는 놀이터, 이것이 내가 꿈꾸는 '기적의 놀이터'의 시작이다.**

놀이터를 바라보는 스펙트럼이 넓어져야 한다. 아무것도 없는 '너른 마당' 같은 놀이터

이란, 2011.

에서 '하이테크' 놀이터까지 말이다. 놀이터의 다양성은 그곳에서 노는 아이들로 하여금 '다름'의 공존에 눈뜨게 한다. 폐쇄되고 철거된 놀이터가 다시 회복되는 과정에서 '놀이터 3종 세트'라 할 수 있는 '조합놀이대 1개, 그네나 시소 1개, 고무칩 바닥'이라는 빈곤한 상상이 되풀이되지 않기를 간절히 바란다. 앞서와 똑같은 놀이 기구를 그 자리에 꽂는다면 아이와 아이 키우는 부모에게 상처를 준 전국의 놀이터 폐쇄와 철거의 논거는 찾기 어려울 것이다. 왜냐하면 어제까지 놀던 놀이 기구가 오늘도 있을 것으로 믿고 달려간 아이가 봉쇄 테이프에 칭칭 감긴 놀이 기구로부터 받았을 슬픔과 절망을 끝내 헤아리지 못한 것이기 때문이다. **놀이터가 가장 천박하게 되는 길은 이렇듯 놀이 기구가 놀이터의 주인 행세를 하는 때이다.** 놀이터의 주인은 아이이고 놀이 기구는 한낱 소품일 뿐이다.

놀이란, 간섭과 제지와 금지에서 벗어나 하는
아이들의 모든 몸짓과 행동*

민들레 요즘 아이들은 끊임없이 감시당하고 있는 것 같다. 집과 학교, 학원을 뺑뺑이 돌고 있고, 시시각각 아이들의 행동이 체크되고 있다. 위험하기 때문이 아니라 아이의 행동을 지켜보고 싶어서 아이 방에 CCTV를 설치하는 부모도 있다고 들었다.

편해문 대한민국 아이들 가운데 열 살이 될 때까지 10년 동안 부모와 교사의 간섭으로부터 온전히 벗어나 10분을 보낸 아이들을 찾기가 쉽지 않다. 부모가 아이들 뒷덜미를 꽉 틀어쥐고 산다. 온종일 '공부 순례' 중인 아이들이 언제 어디서 무엇을 하고 있는지 부모가 다 꿰고 있다. 아이들의 시간과 공간이 거의 잡아먹혔다는 뜻이다. 아이들은 지금 가차 없이 구속받고 있다. 실상도 그렇지만 아이들 자리에서 보면 한국의 민주주의는 나아진 것이 없다. 우리는 아이들 자리에서 봐야 한다.

민들레 이런 현상을 '감시'라고 표현해도 좋을지 조심스럽기도 하다. 위험사회에서 '당연한 보호'라고 생각하는 부모들도 많지 않은가?

편해문 나는 '간섭'이라는 말을 쓰고 싶다. 부모의 자리에서 이렇게 간섭하는 까닭을 모르지 않는다. 가장 큰 원인은 저출산에 따른 과잉보호라고 해야겠다. '보호'라는 말은 교양

* 이 대담은 대안교육잡지 『민들레』 95호에 「자유와 해방의 공간, 놀이터」라는 제목으로 실렸다.

미얀마, 2012.

있는 말처럼 들리지만, 아이들 문제는 항상 대상이 '내'가 아니라 '아이'라는 데에서 출발해야 한다. 아이는 보호받을 권리는 있지만 보호받을 의무는 없다. 다시 말해 당신의 보호를 아이가 동의했냐는 것이다. 우리는 아이들을 과소평가하는 오류에 빠져 있다. 만약 그렇지 않다면 그것은 간섭이고 나아가 감시와 통제와 억압일 수 있다. 그리고 나는 우리 사회가 '위험사회'라는 데 동의하지 않는다. 모두 함께 위험을 조장하고 검증되지 않은 짐작을 실어 나르는 '들러리 사회'라면 모를까.

민들레 예전보다 아이들 통제를 강화하게 된 원인이 무엇인지 궁금하다.

편해문 다른 나라 사례를 살펴보면 아이들 사고와 아이들을 대상으로 한 범죄는 전반적으로 줄어들고 있다는 것이 통계로 밝혀지고 있다. 우리나라도 이와 비슷하다고 생각한다. 그런데 우리는 이런 사고와 범죄가 최근에 와서 급격하게 늘고 있으며 흉포화하고 있다고 생각한다. 이것은 착시 현상이다. 우리나라에 방송국이 몇 개 있나. 종편은 또 몇 개나 되나? 케이블을 포함한 여러 매체가 같은 사건과 범죄에 대해서 날마다 종일 틀어대니 사람들은 아이들과 관련된 사고와 범죄가 수없이 잦다고 생각할 수밖에 없다. 그 결과는 뭔가. 여기저기 CCTV를 설치해야 한다는 것이다. 그런데 뭔가 이상하지 않은가? 사고와 범죄의 증가를 CCTV 설치로 대처하는 현상 말이다. 이것은 미디어와 CCTV 업체들의 치졸한 마케팅 전략의 승리, 그 이상도 이하도 아니다.

민들레 직접 개입하지는 않더라도 누군가가 자신을 보고 있을 때와 보지 않을 때 사람들의 행동은 무척 다르다. 감시에 익숙해진 아이들이 자라서 어떤 생각을 하게 될지 걱정스럽다.
편해문 예를 하나 들자. 동네 아이들 와서 보라고 우리 집에 만화방을 만들었다. 어느 날인가, 아내가 만화를 보려고 동네 아이들과 그 방에 있었나 보다. 그런데 일곱 살 먹은 딸이 엄마한테 이랬단다. "엄마, 언제 갈 건데?" 이게 무슨 말인가? 엄마 있으니까 자기들끼리 놀지 못하겠다는 뜻 아닌가? 아이들은 쳐다보면 놀지 못한다. 어른들이 쳐다보는 곳에서 아이들이 논다면 그것은 대부분 가짜 놀이다. 나는 놀이에 대한 정의를 다시 내리고 있다. 여러 해 곳곳에서 놀이운동을 했던 벗들에게 좀 더 엄밀한 놀이 기준을 안내하는 중이다. 정의하자면, "어른들이 보지 않는 곳에서 하는 아이들의 모든 몸짓과 말과 행위 그것이 놀이이다."

민들레 지난 5월에 한국을 방문한 귄터 벨치히 씨와 동행한 후, 독일에 직접 다녀왔다고 들었다. 어떤 것을 더 알고 싶었는가?
편해문 귄터의 놀이터를 직접 보고 싶었다. 40년을 놀이터와 놀이 기구 디자인에 몰두하다 은퇴하고 나서 자기가 사는 곳 가까이 20년을 가꾼 놀이터를 보았는데, 거긴 놀이 기구가 단 하나도 없었다. 철저한 자기부정이었다. 나는 아이와 놀이와 놀이터 공부를 1학년 1반에서 다시 시작할 수밖에 없는 처지가 되었다. 무슨 뜻인지 헤아려 주기 바란다. 돌아와서 귄터와 한국과 독일에서 만나 나눈 이야기를 바탕으로 책을 쓰고 있다.

민들레 아이러니하게도 귄터 씨는 '위험한 놀이터'로 유명해졌다. 한국 부모들이 들으면 놀랄 일이다. 모든 위험 요소를 제거해 주는 것이 훌륭한 어른의 역할이라 생각하지 않나?
편해문 위험과 모험은 놀이의 아주 중요한 요소이다. 아슬아슬함, 아찔함, 휘청거림, 이런 것들을 놀이 속에서 만날 수 없다면 그것은 놀이도 아니고 재미도 없다. 나아가 놀이에서 모든 위험 요소를 제거한다는 것은 가능하지 않다. 놀이터에서 아이들에게 위협을 가할 만한 것은 반드시 살펴야 하겠지만, **놀이터에까지 가서 아이들한테 이래라 저래라 하는 것은 어른들의 월권이다. 꼭 이렇게 어른들이 간섭할 때 아이들 사고는 증가한다.** 놀 권리는 아이에게 있고 그 방법은 아이가 선택하는 것이다.

한국에서 '놀이운동' 하면 더러 낭만적이라는 말을 듣는다. 세상이 달라졌는데 아이들이 어떻게 그렇게 놀 수 있느냐는 말이다. 이번에 독일과 덴마크의 100여 곳 되는 놀이터와 그곳에서 노는 아이들을 만나면서, 아이들에게는 '놀이가 밥'이 분명하고 아이들이 놀지 않고 자란다면 앞으로 밥 먹기 어렵지 않을까 하는 다소 과격한 생각마저 하게 되었다. 다시 말해 학교를 마치고 두세 시부터 놀기 시작하는 아이들과 학원가는 아이들은 (나는 이런 말을 아주 싫어하지만) 경쟁할 수 없고, 사람에 대한 이해는 더더욱 어렵다고 본다. 어려서부터 함께 놀지 않는데 어떻게 다른 사람을 알 수 있겠는가. 일상적 감시와 통제를 집과 학교에서 일삼고 있다면 우리는 세월호를 이야기할 수 없다.

민들레 사실 아이들끼리 어울리면서 자연스럽게 노는 법을 알게 되는 건데, 어른들이 아이들에게 노는 법을 가르쳐야 하는 게 현실이다. 놀이를 가르친다는 게 이상한 일 같기도 하다.
편해문 놀이는 가르칠 수 없다. 그런데 지금은 무슨 놀이를 가르치는 자격증까지 주는 곳도 있고 방과 후 과목으로 놀이를 지도하는 학교도 있다. 어린이 책과 관련된 지도사가 있는 걸로 안다. 이것은 사교육의 모델을 그대로 가져온 것이다. 무엇이 다른가? 비판적 거리를 두고 바라보아야 한다. 놀이를 가르쳐야 한다는 사명감보다는 오늘 아이들이 지금 무엇을 하고 놀고 있는지에 대한 천착이 먼저다. 민속놀이나 전래놀이가 필요한 것이 아니라 아이들은 자유놀이가 필요하다. **지금 아이들이 당장 하고 싶은 것, 또는 하고 있는 것, 그곳에서 놀이의 실마리를 찾아야 한다.** 상황은 절망적이다. 여러 매체에 되풀이해서 이야기했듯이 오늘 한국의 많은 아이는 소비가 놀이가 되었다.

나 또한 한 십 년 가까이 교사와 부모들에게 놀이를 가르치는 일을 했다. 힘들었다. 놀이가 일이 되니 세상에 그만큼 힘든 일이 없더라. 그 과정에서 나는 중요한 것을 깨우치게 되었는데 내가 하는 것이 '놀이'가 아니라는 것이었다. 하고 싶을 때 하고 싶은 방식으로 하고 싶은 곳에서 하고 싶은 친구들과 놀아야 그게 놀이다. 가짜 놀이로 아이들을 속이지 말아야 한다. 놀이의 순서와 방법을 기능적으로 전수하는 것을 놀이라 볼 수 없다. 그것은 이벤트와 레크리에이션으로 목격된다. 이 모든 것은 나에 대한 반성이기도 하다.

민들레 초등 대안학교 아이들의 경우 학교에서는 몸을 움직이는 놀이를 많이 하는 편인데, 학교 밖에서는 그럴 수 없는 것이 현실이다. 골목이 사라진 주거환경 탓도 있고 같이 놀 친구들이 주변에 없기 때문이다.

편해문 놀이터가 형편없고 놀 시간이 없고 놀 동무가 없다고 아이들이 놀지 못하는가 하면 전혀 그렇지 않다. 아이들은 이 도시 속에서 놀려고 몸부림을 치고 있고, 잘 놀고 있다는 것이 내가 오늘 아이들 놀이를 보는 출발이다. 이것이 중요하다. 아이들을 대상으로 보지 말고 주체로 보기 바란다. 아이들은 어떤 곳에서든 무엇을 하든 누구랑 놀든 놀고 있음을 바로 보아야 한다. 아이들을 부디 안타깝게 바라보지 마시라. 이 아이들 모두 잘살아갈 것이다. 왜냐하면, 아이들은 놀지 않고는 살 수 없는 존재들이기 때문이다. 그게 긍정적인 놀이냐 부정적인 놀이냐 이런 것을 문제 삼지 마라. 게임 또한 아이들의 분명한 놀이이다. 아이들이 놀고 있다는 것에 먼저 주목해야 하고, 어떤 조건에서든 어떻게든 놀려고 하는 아이를 긍정해야 한다.

민들레 놀이의 세계에서도 빈익빈 부익부의 경향이 나타나고 있는 것 같다. 가장 돈을 적게 들이고 놀 수 있는 거리가 피시방에서 게임을 하는 거다. 몸을 제대로 움직이지 않고 인스턴트 음식을 먹고. 그러니까 몸이 둔해지고 따라서 사고하는 힘도 약해진다. 놀이의 관점에서 봐도 계급의 재생산은 피할 수 없는 일이 되고 있다. 이런 문제를 극복하려면 어떻게 접근해야 할까?

편해문 아이들 놀이와 놀이터 양극화 현상은 현실 속에서 처절하게 관철되고 있다. 이른바 브랜드 아파트 놀이터와 동네 놀이터의 격차는 같은 나라임을 의심하게 하고 나를 살 떨리게 한다. 유럽에서 수입한 대형 토네이도 미끄럼틀이 가운데 떡하니 놓여 있는 고급 아파트 놀이터와 동네 놀이터의 비교는 사실상 가능하지 않다. 그러나 공통점이 있다. 두 곳 모두 아이들을 보기 어렵다는 것이다. 놀이터는 엄마가 보내 줘야 갈 수 있는 곳이고, 아이들은 엄마한테 허락을 받아야 놀 수 있다고 놀이를 정의하고 있기 때문이다. 브랜드 아파트의 수입 놀이 기구는 마치 드레스의 브로치처럼 장식으로 쓰이고 있다. 내가 한국의 6만 개 놀이터의 혁신에 관심을 두는 까닭이 여기에 있다. 돈을 들고 큰 마트 실내 놀이터에 가서 놀아야 하는 상황 말이다. 돈이 없는 부모는 접근조차 할 수 없는 비정한 현실이 아이들 놀이터에서도 펼쳐지고 있기 때문이다.

거기 가 보니 천장에 사이키 조명을 돌리고 있더라. 이건 완전 나이트클럽이었다. 왜 이렇게 아이들이 노는 데 돈을 들여야 하는 지경까지 왔을까. 사는 곳 가까이 있는 4만 개 놀이터들이 미덥지 못하고 어쩌다 가 보면 너무 재미없기 때문이다. **미끄럼 한 번 타면 더는 할 게 없는 놀이터를 아이들이 가고 싶겠는가.** 아니, 아이들이 가고 싶어도 부모들이 놀이터를 보내 주는가 말이다. 나는 이러한 현상을 '놀이터 사유화'라 이름 붙이고 공공 놀이터의 공공성 회복 담론을 만들어 가는 중이다. '놀이터 사유화' 바람이 돈 냄새 풀풀 풍기며 거

세계 골목골목으로 불어오고 있고 공공 놀이터는 철저히 외면 받고 있다. 아이들과 우리는 이 도시에서 어디로 가서 놀아야 할까?

민들레 요즘 '기적의 놀이터' 운동을 하고 있다고 들었다. 한국 놀이터의 큰 문제점과 개선점은 무엇이라 생각하는지? 기적의 놀이터는 기존의 놀이터와 어떤 차이가 있는지?
편해문 '기적의 놀이터'는 아직은 구상에 불과하다. 지금 한국의 상황을 볼 때 뭔가 아이들이 어른들의 간섭을 받지 않고 놀 수 있는 놀이터를 짓는다 한들 문제가 풀리는 것은 아니기 때문이다. 아이들을 놀이터에 내보내는 것은 부모가 결정하기 때문에 놀이터를 바꾼다고 될 일이 아니다. 나는 이런 두 개의 어려움과 맞닥뜨려 있다. 아이들이 놀지 못하는 것이 놀이터가 없어서가 아니란 것을 잘 알지 않는가? 그래서 '기적의 놀이터'라는 말을 쓰고 있다. 한국 아이들의 놀이 상황을 볼 때 뭔가 기적이라도 생겨야 도시에서 아이들이 숨이라도 좀 쉬지 않을까 하는 심정이 담긴 표현이다.

민들레 올해 초 〈경향신문〉에서 참교육학부모회와 공동기획으로 〈놀이가 밥이다〉를 연재한 결과, 서울시나 강원도 교육청에서 놀이시간 100분을 보장하기도 했다(2015년 전북교육청은 '놀이밥 60+' 캠페인을 부모 대상으로 널리 알리고 있다. 아이들한테 하루 60분 이상 놀이 시간을 주자는 운동이다). 그러나 학교라는 공간 밖에서도 아이들이 자유롭게 뛰어놀 수 있는 사회 환경이 만들어지려면 아직 갈 길이 멀다. 많은 것들이 서로 얽혀 있다.
편해문 참 쉽지 않다. 놀이는 제도로 보장할 수 없는 영역이기 때문이다. 놀이라는 것이 '철저히 비제도적 영역'이다. 이런 놀이를 제도적으로 무언가 보장하고 시간을 정하는 것이 과연 아이들을 놀 수 있게 만들 수 있을지 회의적이다. 권터도 이야기했지만 언제 어디서든 무엇을 가지고도 놀 수 있어야 그것이 놀이라는 말이다. 아직도 놀이를 무언가 구체적인 이름이 붙은 어떤 것이라는 생각에 붙잡혀 있는 것 같다. 되풀이하지만 '놀이는 간섭받지 않는 곳에서 하는 아이들의 모든 몸짓과 행동'임을 다시 떠올려 줬으면 좋겠다. 또한, 놀지 안 놀

순천, 2015.

지는 내가 결정하는 것이지 남이 결정해 주는 것이 아니라는 것이다. 놀이는 내가 주인인데 왜 제도로 보장받아야 하나. 이런 것에 오히려 저항해야 한다. '30분 놀고 공부하기' 이런 그물에 걸리는 순간, 놀이는 생명의 기운을 잃고 주검으로 발견될 것이다.

민들레 어떤 마을에서는 마을 공용 주차장을 만들어 골목에 있는 차를 없애고, 그 공간을 아이들에게 돌려 주자는 논의가 진행되고 있다고 하더라. 부모가 따라다니며 놀이터 바깥으로 벗어나지 못하게 하는 원인 중 하나는 교통사고에 대한 위험이 크지 않나. 쉽지 않은 일이겠지만 나름 의미 있고 참신한 시도가 아닐까 한다.

편해문 좋은 생각이다. 또 한편으로 안전행정부가 2015년 1월 26일까지 2008년 1월에 제정된 〈어린이놀이시설 안전관리법〉에 따라 한국의 6만 개 놀이터 모두를 검사받도록 하고 있다. 그런데 문제는 2008년 1월 26일 이전에 지어진 많은 놀이터가 이 기준을 통과하지 못할 것이란 점이다. 만약 설치 검사를 받지 않으면 관리 주체는 벌금형을 받게 되고 검사 결과 개보수 처분을 받았는데도 예산이 없어 새로 설치하지 못하는 경우는 철거되고 폐쇄된다. 규모가 있는 아파트는 공동주택 관리 비용이랄지 장기수선충당금 등이 있지만, 주택단지 놀이터를 바꾸는 예산이 되기에는 턱없이 모자란 것이 현실이다. 2015년 1월, 코앞에 닥친 일이다. 6만 개 놀이터 가운데 10%가 합격을 못 하고 폐쇄의 길로 들어설 것으로 보인다. 문제는 폐쇄한 놀이터를 무엇으로 쓸 것인가이다. 아이들한테 그 작은 땅을 뺏어 말이다. 너무 치졸하지 않은가. 도시 속 아이들의 마지막 대지를 증발시키고 있다. 아이들을 생각하지 않는 사회로 이제는 마구 달리는 것 같다.

민들레 결국 가장 절실할 사람들의 목소리가 먼저 모이게 되어 있다. 당장 부모들, 교사들, 아이들이 사회 합의를 함께 만들어 가야 하지 않을까?

편해문 아이들의 놀 틈과 놀 터와 놀 동무를 어떻게 도시 속에서 연결할 수 있을지 즐겁게 찾았으면 한다. 여기서 중요한 것은 '즐겁게'이다. 도시에서 아이들 놀이터 가꾸기가 우리의 놀이가 되어야 한다. 아이들 놀이와 놀이터를 일구는 과정이 프로그램이나 프로젝트 사업이 되면, 장기적으로 더욱 엉키게 될 거라 본다. **놀이는 철저히 비제도적이고, 비형식적이며, 비상업적인 영역이라는 것을 다시 강조하고 싶다.** 우리를 옴짝달싹 못하게 하는 자본에 가장 극렬하게 저항하는 길은 아이나 어른이나 즐겁게 노는 일이다. 노는 아이와 노는 어른들을 자본은 결코 집어삼킬 수 없다. 나는 놀이터를 상상한다. 그 놀이터는 상상을 키울 수 있는 놀이터가 아니라, 놀면 더 똑똑해지는 놀이터가 아니라, 아이들이 부모와 교사와 제도의 간섭에서 벗어나 자유와 해방을 만날 수 있는 놀이터이다. 오늘 내가 사는 집과 아이가 다니는 학교에서 아이들을 풀어 주지 않고는 저 차가운 바닷속 아이들을 결코 건져낼 수 없을 거라 생각한다.

PART 2

놀이터 디자이너

귄터와 함께한 일주일

만남

* Günter Beltzig, Franz Danner, Holger Lorentzen, Julian Richter, Detlef Settelmeier Georg Agde, *Spielgeräte – Sicherheit auf Europas Spielplätzen : Erläuterungen in Bildern zu DIN EN 1176*, Beuth Verlag. 2009.

귄터

2014년 5월 17일 아침 광주에서 귄터 벨치히를 만났다. 귄터는 『*KinderSpielplätze*』(1987)라는 책의 저자이고, 독일 놀이터 안전기준을 정리한 책*의 공저자이다. 첫 번째 책은 놀이터를 어떻게 만들어야 하고 만들 때 무엇을 고려해야 하는지를 매우 꼼꼼하게 쓴 책이고, 두 번째 책은 유럽의 놀이터와 놀이 기구 표준인 EN 1176 가이드를 담은 책이다. 놀이터를 여러 해 이것저것 어수선하게 공부해 온 처지라 놀이터에 관한 책과 EN 1176 매뉴얼을 함께 쓴 저자를 만난다는 것에 설레었다. 왜냐하면, 놀이터를 가르치는 학과도 없고, 배울 수 있는 곳도 없기 때문이다. 귄터는 1968년 즈음 이런 고민을 했다. "더 나은 세상을 만들고 싶다. 하지만 어디서 시작해야 할까?" 그가 아이들 놀이터와 놀이 기구 디자인을 시작한 까닭이다.

지난밤 함께 묵었던 숙소에서 내려와 아침을 먹는 자리였는데 **1941년생, 그러니까 74세 할아버지는 줄무늬 티셔츠에 청바지, 그리고 맨발에 샌들 차림이었다.** 함께 다닌 일주일 내내 그대로였다. 처음 내게 건넨 말은 오늘 아침에 놀이터를 공부한다는 젊은이를 만날 거라 들었는데 반갑다며 내 옷차림 역시 가벼워 좋다고 했다. 그리고 귄터라 부르라 했다. 그리고 내 이름의 '해'가 부르기 어렵다며 '문'으로 부르겠다고 했다. 지금도 그렇게 부른다. 독일 사람이지만 영어로 천천히 말을 해 준 덕에 영어가 서툰 나도 조금은 알아들을 수 있었다. 그날 아침 귄터는 이런 말을 했다.

봐라. 나는 너의 말을 못 알아듣고 너는 내 말을 못 알아듣지 않는가? 이런 것이 다 장애이다. 그러니까 우리는 모두 장애인이다. 그렇지만 아무 문제 없다. 서로 장애를 인정하고 가까이 가서 귀 기울이면 된다.

이날은 광주시교육청 초청으로 세계인권도시포럼 '도시와 어린이·청소년' 세션이 열리는 날이었다. 나도 귄터와 토론이 예정되어 있어 전날 광주에 도착했다. 귄터가 한국에 온다는 소식을 처음 들은 것은 서울시 마을공동체 종합지원센터 '놀이터소위원회'에서였다. 나는 책과 웹 사이트를 통해 귄터를 알고 있었다. 그렇지 않아도 아이들과 아내와 함께 귄터도 만나고 유럽 놀이터를 둘러보려는 계획을 세워 놓고 있었는데, 한국에서 그를 만날 수 있어 반가웠다. 귄터가 한국에 머무르는 일주일 동안 함께 다닐 수 있었던 것은 광주시교육청 민주인권교육센터 허창영 선생, 나눔문화재단 하정호 선생, 그리고 서울시 마을공동체 종합지원센터 마을기획실 김소연 선생의 배려 덕분이었다. 감사드린다. 이렇게 귄터 가까이서 먹고 자면서 일주일을 보냈다.

발표 장소인 김대중컨벤션센터는 숙소에서 건널목 하나를 사이에 두고 있었다. 숙소 앞에서 나눔문화재단 하정호 선생과 광주 일정 내내 귄터 강연을 통역해 주실 베버 남순 선생을 만났다. 하정호 선생은 광주에서 어린이와 청소년의 놀 공간에 대해 오래 고민해 온 활동가이다. 베버 남순 선생은 독일에서 간호사로 30년을 살았고 그곳에서 결혼해 살다가 1998년에 한국에 돌아왔다. 베버 남순 선생의 통역은 순조로웠고, 귄터와 함께한 광주 일정 2박 3일 내내 때로는 오누이처럼 때론 친구처럼 살뜰하게 서로 챙기며 이야기를 주고받는 모습이 좋았다.

지금부터 귄터와 함께한 일주일을 차례로 써내려 가려 한다. 놀이터에 관련된 책을 쓸 때 귄터와 나눈 이야기와 그의 강연을 책에 옮겨도 좋다는 허락을 받았다. 한국에서 귄터와 함께한 일주일을 촘촘히 사진에 담고 이야기 하나하나를 놓치지 않고 이 책을 읽는 분들에게 전달하는 세 가지 까닭이 있다.

첫째는 아이들 놀이터를 이야기할 때 귄터가 빼놓을 수 없을 만큼 소중한 관점을 가진 사람이고, 실제로 놀이터를 지어 본 경험이 많고 놀이 기구 또한 스스로 제작해 본 경험 또한 풍부한 남다른 이력의 소유자란 점이다. 그는 놀이터와 놀이 기구를 만드는 데 즐거움의 가치, 독창성, 환경에 대한 존중의 철학이 있기로 이름난 회사(Richter Spielgeräte GmbH)의 디자이너로 일하면서 오랫동안 다양한 놀이터 프로젝트에 함께했다. 무엇보다도

© Günter Beltzig.

그는 아이를 잘 아는 사람이었다. 그것은 나중에도 이야기하겠지만, 관찰에서 나온 것이었다. 아이에 대한 이해가 높을 뿐 아니라 놀이터의 디자인·설계·시공 등등에 40년 가까운 헌신을 한 분이라면 들을 이야기가 있을 터였다.

두 번째는 귄터가 단독 저서와 여러 공저를 썼는데 그 시기가 꽤 앞선다는 것이다. 귄터는 놀이터 철학을 새로운 책으로 집필 중이라 했다. 기다려진다. 그러나 귄터의 20~30년 전 책만 보아서는 귄터의 현재 생각을 알기 어려워 그의 놀이터에 대한 생각을 생생한 육성으로 들을 필요가 있었다.

끝으로 한국 사회가 요 몇 년 사이 아이들 공간에 대해 부쩍 다시 생각하는 흐름이 생겼다. 반가운 일이다. 특히 기적의 도서관을 출발로 해서 도서관과 학교 건물 디자인에 새로운 변화가 여러 곳에서 일어나고 있다. 하나 아쉬운 점은 이렇게 아이를 위해 새롭게 만들어진 도서관이나 학교 건물의 현관을 나오면 펼쳐지는 운동장이나 놀이터는 변함이 없다는 것이다. 일제강점기 군사훈련을 시키던 정방향의 연병장이 그대로 이식된 것이 오늘날 우리네 학교 운동장이다. 놀이터 혁신에 대한 내 꿈은 여기서 시작되었다. 아이들이 책을 읽고 공부하는 공간 안과 바깥 놀이터가 모두 아이들을 위한 공간이 되길 바라기 때문이다.

덧붙여 도서관과 학교뿐만 아니라 놀이터를 고민하고 가꾸려는 시민과 기관, 그리고 지자체의 관심과 움직임이 커지고 있다는 점도 눈여겨볼 필요가 있다. 아이들이 놀지 못해 너무 힘들어하고 있다는 것을 안 어른들이 스스로 나서 아이들이 진정 놀 수 있는 놀이터를 만들어 주려는 움직임이다. 이런 흐름에 놀이터를 오랫동안 고민해 만들고, 고치고, 다시 만들고, 그리고 그곳에서 노는 아이와 부모를 오래 관찰한 귄터의 이야기를 귀 기울여 들어야겠다는 생각을 했다.

귄터의 첫 일정은 광주에서였다. 광주에서 5일 정도 머물며 아이들 놀이터를 고민하는 여러 기관과 시민 단체 사람들을 만났다. 놀이터 현장 경험이 풍부한 귄터는 가는 곳마다 실제 놀이터를 지으려고 하는 현장을, 그게 숲이든 비포장이든 출입금지 구역이든 가리지 않고 샌들을 신고 뛰어다녔다. 이렇게 속속들이 보고 와서 관계자들과 다시 만나 둘러본

소감과 자신이 생각하는 놀이터를 이야기했다. A4 종이에 놀이터 그림을 그려 건네기도 했다. 귄터는 자신이 나이가 많고 권리 같은 것은 필요 없으니, 앞으로 광주에서 놀이터를 만들 때 이러한 것들이 잘 쓰여 아이들을 위한 좋은 놀이터가 생겼으면 좋겠다는 뜻을 밝혔다. 그렇다면 광주에서는 무슨 까닭으로 귄터를 오게 한 것일까.

광주는 꽤 오래전부터 어린이와 청소년의 놀 공간에 대해 고민해 왔다. 앞서 놀이터 공부도 했고 일본에 직접 가서 어린이와 청소년들에게 사랑받는 놀이터도 보고 왔다. 그리고 실행을 앞둔 시점에 귄터를 초청한 것이다. 한국에서 광주라는 도시는 의미가 남다르다. 나 또한 1980년 광주의 이야기를 1980년대 말에 선배들로부터 듣고 민주주의를 만났으니 지금껏 놀이운동가로 살게 된 뿌리도 어떻게 보면 광주에 있는지 모른다. 그만큼 광주는 한

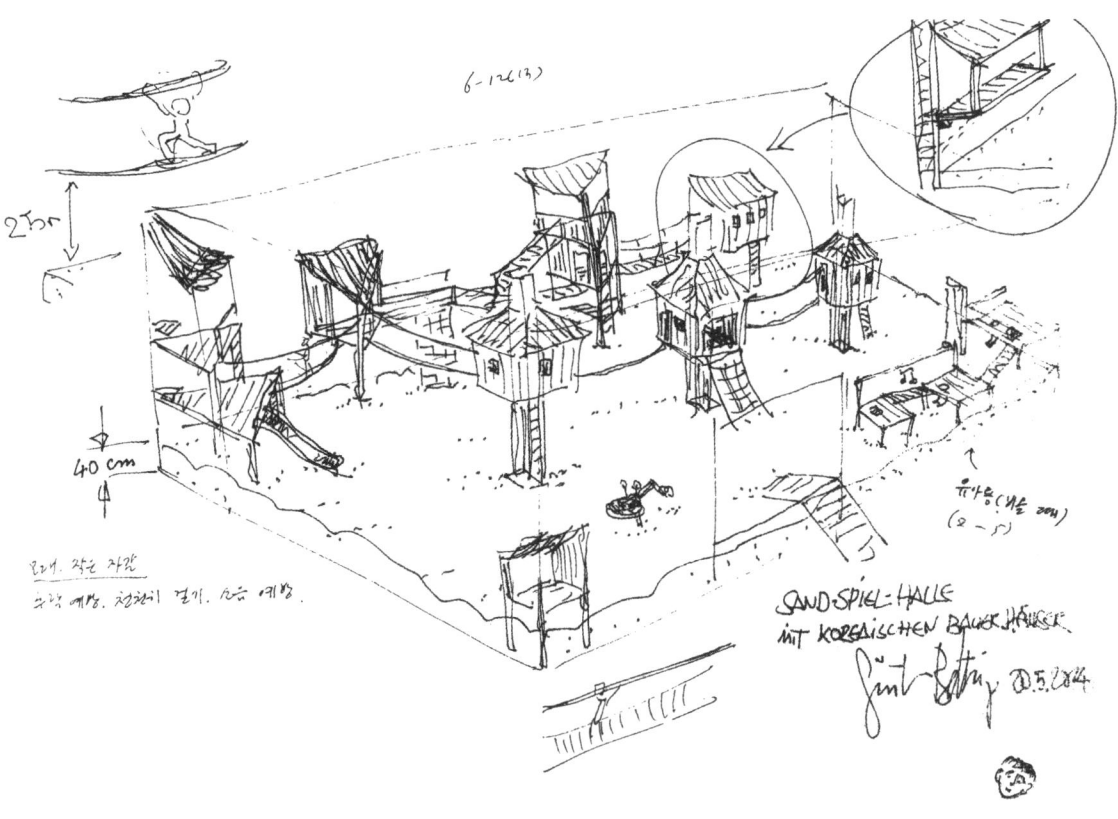

© Günter Beltzig.

시대를 살아가는 많은 사람을 다시 살게 했다. 그런 광주가 세월이 흘러 민주주의의 지향과 인권의 지향을 어린이와 청소년으로 잡았다는 것은 어찌 보면 당연한 일이다. 마침내 광주를 '어린이·청소년 친화도시'로 만들겠다는 합의를 이루어 낸 것이다. 여러 기관과 단체, 그리고 활동가들이 몇 년 전부터 수고를 들였기에 가능한 일이라고 생각한다. 권터는 1980년 광주의 상황에 대해서 소상하게 알고 있었다. 5·18 기념식에 참여하고 망월동 묘지를 돌아보면서 묘비 하나하나의 사연에 귀 기울였다.

광주에서 그동안 아이들 놀 공간에 대한 고민이 어떻게 이루어졌는지 간단히 살펴보자. 먼저 광주에는 어린이와 성인을 포함해 200명이 넘는 39개 단체가 참여한 '광주 어린이·청소년 친화도시 추진협의회'가 구성되어 있다.* '광주 어린이·청소년 친화도시 추진협의회'에서는 수년간 방치된 화정동 옛 국군통합병원 부지와 원당산 근린공원을 대상지로 주목하고 이곳에 어린이와 청소년을 위한 공원과 놀이터가 조성되기를 바라고 있다. 주목해야 할 것은 화정동 옛 국군통합병원 부지는 5·18 광주민주화운동과 인연이 깊은 곳이라는 것이다.

이곳은 당시 계엄군 총에 맞아 죽거나 다친 시민을 치료하던 곳이다. 광주 시민에게는 잊지 못할 장소이다. 오랫동안 보존되던 이 공간의 일부를 어린이와 청소년의 공간으로 만들자는 것이 계획인 듯하다. 상처의 공간을 상처를 치유하는 공간으로 바꾸려는 상상이다. 바로 앞에 안기부로 쓰던 건물을 지금 광주 청소년문화의 집으로 잘 쓰고 있는 것을 보아, 어렵지만은 않은 일이라 생각한다. 아픔과 고통의 공간을 어린이와 청소년 '살림의 공간'으

* '어린이·청소년 친화도시'는 아동권리협약을 실현하기 위해 유니세프(UNICEF)가 만든 개념이다. 어린이와 청소년의 생존권·보호권·발달권·참여권을 보장하기 위해 도시 전체가 노력해야 한다는 뜻이 담겨 있다.

로 만들어 치유의 공간이 되도록 한다면 이보다 더 아름다운 공간 바꿈은 없을 것이다. 이 두 곳을 어떻게 바꿀 것인가 고민을 하다가 귄터를 찾은 셈이다. 귄터는 이 두 곳을 오래도록 관계자와 시민, 그리고 청소년과 함께 둘러보았다.

묻고 듣다

귄터의 강연을 듣고 토론하는 자리에서 나는 지난 10년 정도 아시아를 다니며 담은 아이들 놀이 사진 몇 장을 보이며 이야기를 시작했다.

우리는 아이를 바라보는 시각이 같다
어느 곳이나 비슷하지만, 발표와 토론장에서 충분한 발표와 토론이 되는 경우는 많지 않다. 시간이 정해져 있고 그 시간은 턱없이 부족한 경우가 대부분이기 때문이다. 특히 이번처럼 같은 나라 사람들끼리 모여 이야기를 듣고 묻는 자리가 아닌 경우는 더욱 그렇다. 이 자리는 귄터와 내가 놀이터 이야기를 나누는 첫 자리였다. 아이들과 놀이와 놀이터를 보는 내 관점을 독일이라는 먼 곳에서 왔고 나이 차이도 많은 귄터에게 어떻게 전달할 것인가 고민했다. 토론이 끝나고 귄터는 내게 이렇게 말했다.

> 너의 작업을 봤다. **너와 나는 아이들을 바라보는 시각이 같다.** 네가 보여 준 사진이 아이들의 본디 모습이다.

어찌 되었든 10분이라는 짧은 시간 안에 나는 몇 가지 질문을 던졌다. 귄터가 현장에서 답변한 것과 따로 만나서 들었던 이야기를 정리해 본다. 먼저 귄터는 내가 보여 준 아시아와 중동 아이들이 잘 놀고 있지만 그 아이들의 일상 전체가 노는 모습처럼 행복으로 채워지고 있다고 생각하면 안 된다고 했다. 그 아이들은 한편으로 분명히 고통 받고 있거나 어려운 일을 겪고 있을 것이라 했다. 귄터는 이어 그 아이들은 체벌도 받을 수 있고 경제적으로 빈곤의 어려움을 겪을 수 있다고 했다.

권터는 자기와 같은 직업은 없어져야 하고 그래서 놀이터마저 없어져야 한다고 했다. 다시 말해 이 세상 모든 곳이 다 놀이터라는 말이었다. 이 대목이 내가 권터와 이야기의 실마리를 찾은 지점이다. 만약 권터가 지금 나는 아이들 놀이터 공간에 대해 이야기하고 있는데, 너는 엉뚱하게 놀이터 바깥 문제를 가져와 이야기하느냐 했다면 어색해졌을 것이다. **권터의 놀이터는 거리와 골목과 마당을 포함한 개념이었다.** 이 대목이 중요하다. 왜냐하면, 건축가와 조경가가 생각하는 놀이터는 좁은 공간이기 십상인 탓이다. 건축가와 조경가가 어린이 놀이터를 고민할 때 공간에 앞서 시간과 장소에 대한 개념을 잡을 수 있어야 놀이터는 첫발을 뗄 수 있을 것이라 믿는다. 공간에 앞서 시간과 장소를, 시간과 장소에 앞서 놀 동무를 성찰할 때 놀이터는 제대로 출발할 수 있다.

장애 아이들을 위한 전용 놀이터는 필요하지 않다

끝으로 나이가 다른 아이들과 장애 아이들을 위한 별도의 놀이터에 관한 대답을 들었다. 권터는 아주 짧고 분명하게 장애 아이들만을 위한 놀이터는 필요 없다고 했다. 처음에는 이 이야기가 의아했다. 여러 가지 서로 다른 어려움을 안고 있는 아이들에게 친절한 놀이터가 따로 만들어져야 하는 것이 아닌가 짐작했는데 나의 이런 생각을 한순간에 깼다. 권터는 이렇게 말했다.

> 우리가 장애 아이들을 위해 그들만의 놀이터를 만들어 줄 수는 있다. 그러나 그 아이들이 살아가야 하는 세상을 그렇게 만들어 줄 수는 없다. 세상은 함께 살게 되어 있다. 그러니 놀이터 또한 그래야 한다. 그냥 보통 아이들이 노는 놀이터일지라도 장애 아이들이 함께 놀 수 있게 해야 한다. 장애가 있는 아이들은 그 속에서 자기가 할 수 있는 만큼의 놀이를 온 힘을 다해서 한다.

명쾌한 답이었다. 평소에 나는 일반 아이들보다 장애 아이들이 놀이가 더 필요하다고 생각했다. 그러나 내 생각과 반대로 장애 아이들이 접근하기 어려운 한국의 놀이터를 보면서 힘들었는데, 귄터의 말을 듣고 마음이 한결 가벼워졌다. 여러 곳에서 놀이터가 갖추어야 할 요건을 이야기하고, 그 가운데 장애 아이를 배려한 놀이터가 만들어져야 한다는 말도 자주 들린다. 하지만, 구체적으로 한국의 어린이 놀이터가 장애 아이들을 위해 무엇을 했고 하려 하는지 그 내용은 찾기가 어렵고 선언만 떠돈다. 눈에 보이는 것이 '휠체어 그네' 정도이다. 나는 한 놀이터 디자인 심의와 자문회의에서 모래놀이터를 '좌식'과 '입식'으로 함께 만들어 줄 것을 제안했고, 그 제안이 받아들여졌다. 휠체어를 타고 앉아 모래놀이를 할 수 있는 모래놀이터라고 보면 된다. 장애 아이도 놀 수 있는 놀이터가 되어야 한다고 말로만 하지 말고 대안을 제시하거나 놀이터에서 구체적으로 실현하는 것이 필요하다. 당연히 이 '입식' 모래 놀이터는 보통 아이들도 놀 수 있다. 가장 중요한 것은 장애 아이들이 놀이터에 올 수 있어야 한다는 것이다.

더불어 제안한 '안전 놀이터 입구'도 수용이 되었다. 도로와 닿아 있는 놀이터의 경우 놀이터 입구가 도로 쪽으로 열려 있으면 아이들이 놀이터에서 도로로 바로 뛰어나가 사고 날 위험이 있다. 이 문제의 해법을 독일의 예와 그것을 더 단순화한 구조를 그려 전달했다. 덧붙여 앞으로 놀이터 주민설명회를 행정담당자와 시민 쪽 전문가들이 함께해야 주민의 놀이터에 대한 상상과 협조를 좀 더 풍성하게 얻을 수 있다는 생각도 전달했다. 올해는 첫해라 바빠서 어려웠지만, 내년부터 수용할 것이라 했다. "놀이터 어떻게 바꿔 드릴까요?", "원하는 놀이터가 어떤 것인가요?" 같은 질문을 던져 시민의 의견을 듣는 것도 좋은 태도이지만, 놀이터의 과거와 현재와 미래와 다른 나라 상황들이 종합적으로 오리엔테이션되지 않은 상태에서 주민과 아이들에게 놀이터에 대해 상상해 보라는 것은 무리한 일일 수 있다. 아이들과 시민에게 친절해야 한다.

남은 일은 장애 아이들을 일반 아이들이 노는 곳으로 얼마나 자주 그리고 쉽게 갈 수 있게 하느냐이다. 몇 곳에 '무장애놀이터'란 곳이 있는데 이름부터가 너무 거칠어 놀이터

베를린의 놀이터 입구

안전 놀이터 입구. 놀이터 입구가 도로 쪽으로 열려 있으면, 아이들이 놀이터에서 도로로 바로 뛰어나가게 되므로, 이를 방지하는 시설이다.

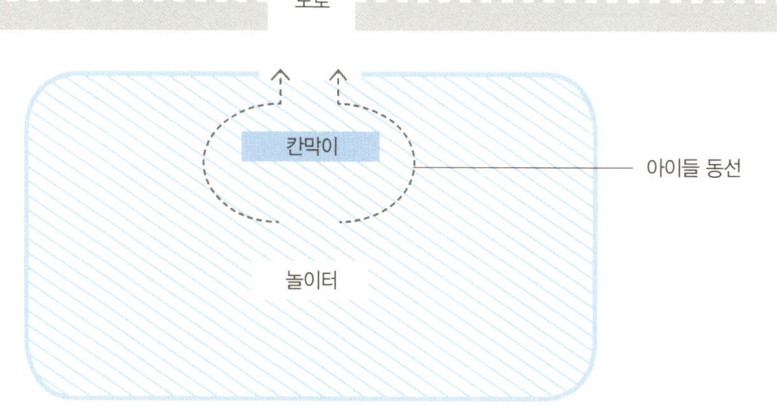

놀이터 디자이너

란 느낌이 들지 않는다. 또한 이름과 놀이 기구가 불일치하기도 한다. 이름만 보아도 놀이터의 기본에서 출발하지 않은 오류가 읽힌다. '무장애놀이터'란 영어로 'Boundlesss Playground'라는 뜻인데 '경계 없는 놀이터' 또는 '구분 없는 놀이터' 또는 '너나 없는 놀이터' 또는 '모두의 놀이터(Universal Design Playground)'로 이름을 바꾸었으면 한다. 다른 말로 통합놀이시설(Integrated Play Facilities)이라고도 하는데 그것 또한 놀이터 이름으로는 낯설다. 그러니까 일반 공공 놀이터를 지을 때 처음부터 당연히 장애 아이가 와서 보통 아이들과 함께 놀 수 있도록 지어야 한다. 이런 특수한 놀이터 자체가 불평등을 조장하는 것이다. '무장애놀이터' 이름에서부터 차별의 뉘앙스가 너무 강하다. 도대체 이런 이름을 누가 어떻게 지었는지 모르겠지만 당장 바꿔야 한다.

한국은 앞으로 10년 정도 이런 꾸준한 놀이터 논의가 필요하다. 함께 오래 이야기하면서 구체적인 놀이터를 만들고 그 놀이터에서 아이들과 놀아보고 또 다른 놀이터를 꿈꿔 보자. 나는 한국의 6만 개 놀이터를 어렵지 않게 웃으며 바꿀 수 있다고 믿는 사람이다. 이렇게 귄터와 놀이터 이야기를 주고받기 시작했다. 그날 귄터는 친구라야 배울 수 있다는 말을 했다.

놀이터는 누가 만들어야 하는가*

* 이 대담은 지난 2014년 5월 21일 광주에서 서울로 올라오는 KTX 열차 안에서 부산대학교 유아교육학과 이연선 교수의 통역으로 진행됐다. 대안교육잡지 『민들레』 93호에 「놀이와 놀이터 다시 보기-귄터 벨치히에게 듣는다」라는 제목으로 실렸다.

아이들에게는 놀이가 현실이다

해문 아이들은 길과 거리에서 놀면서 큰다고 생각한다. 지금처럼 특정 구역에 자리 잡은 놀이터가 만들어진 것은 근대 이후로 알고 있다. 유럽에 많은 놀이터를 디자인하신 입장에서 놀이터가 없어져야 한다고 말씀하시는데, 무슨 뜻인가?

귄터 오늘 호텔에서도 보았듯이 그곳은 어른들을 위한 장소이지 아이들을 위한 장소가 아니다. 놀이터를 만드는 것은 '이제 너희는 여기서만 놀라'는 의미이기도 하다. 또 다른 문제는 아이들이 놀이터에 갔을 때 좋은 느낌을 받지 못한다는 것이다. 그렇게 할 거면 차라리 놀이터를 만들지 않는 게 낫다. 만들 거면 정말 온 힘을 기울여서 좋은 장소에 만들어야 한다는 뜻이다.

해문 놀이터에 대해 아이들과 부모의 시각이 서로 다른 것 같다.

권터 부모는 놀이터를 만들거나 아이를 놀이터에 보낼 때, 그곳에서 뭔가 배우기를 바란다. 부모는 놀이터마저 교육적이어야 한다고 생각하는데, 아이들은 친구를 만나고 자기들끼리 규칙도 만들면서 놀려고 가는 것이다. 이것이 놀이터에 대한 부모와 아이들의 완전히 다른 관점이다.

해문 옳은 말씀이다. 놀이는 아이를 속이지 않는다고 생각한다. 왜냐하면, 아이들은 논 만큼 배우기 때문이다. 그런 의미에서 교육은 아이들을 속이고 있다.

권터 왜 놀이가 아이들을 속이지 않느냐면, 아이들에게는 놀이 자체가 현실이기 때문이다. 그러므로 그 속에 판타지가 있고 상상력이 있다. 그 순간순간이 아이들에게는 진실이다. 아이들이 공주놀이를 할 때, 그 아이는 공주 자체이지 그런 말을 하는 아이를 바보 같다거나 어리석다고 판단하지 않는다. 반면에 교육은 그것을 파괴한다. 놀이는 삶을 가르치지만, 교육은 그러지 못하고 있다. 교육은 삶과 관련 없는 것을 너무 오래 가르친다. 아이들은 스스로 실수를 하면서 배운다. 아이들이 필요하다고 하지 않는데 왜 자꾸 가르치는가. 아이들은 답을 해 달라고 한 적이 없는데 왜 답을 해 주는가. 왜 "이거 해라", "저거 해라" 하는가. 아이들이 물어 볼 때만 가르쳐 주고, 물어 보지 않는 한 대답을 하면 안 된다.

해문 아이들이 놀기를 바란다면 부모와 교사는 어떻게 해야 할까?

권터 아이들은 뭔가를 하면서, 놀면서 배운다. 그런데 세상이 많이 복잡해져서 아이들이 놀기에 공간이나 장소가 충분하지 않다. 이렇게 되면 아이들은 사회생활을 할 수 있는 기술을 배우지 못하게 된다. 아이들은 놀이터에서 싸우는 방법이 아니라 갈등이 생겼을 때 그걸 풀어가는 방법을 배운다. 이것은 교육을 통해서가 아니라 놀이에서 배울 수 있다. 아이들은 자기가 놀고 싶을 때 노는 것이지, 부모나 교사가 놀라고 해서 놀 수 있는 것이 아니다. 놀이에 대한 부모와 교사의 태도는 잘못되었다. 이건 좋은 놀이고 저건 나쁜 놀이라고 구별하고 이 시간에는 무엇을 하고 놀아야 한다고 정해 주지만, 아이들은 놀고 싶을 때 놀 뿐이다. 놀이라는 것은 목마를 때 물 마시는 것, 배고플 때 밥 먹는 것과 같아서 시간을 정할 수 없다. 아이가 꽃과 이야기한다고 해서 그것이 놀이가 아닌가 하면 그렇지 않다. 그 순간 판타지에 들어가 있기 때문에 놀이이다. 아이들이 놀기를 바란다면 부모와 교사가 먼저 놀면 된다.

해문 한국의 부모와 교사는 놀이 기구가 있어야 놀이터라고 생각한다.

권터 한국의 놀이터는 유럽 같은 다른 나라에서 베껴 온 것 같다. 자세히 보면 그것은 **놀이 기구가 아니라 스포츠 기구에 가깝다. 움직임만을 유도하는 기구이지 놀이 기구가 아니다.** 한번 생각해 보자. 아이들이 순서를 기다려서 미끄럼틀을 온종일 여섯 번, 최대 열 번 탔다고 했을 때, 모두 합쳐 2분 30초 정도밖에 되지 않는다. 그게 놀이일까. 부모들이 놀이터의 상징으로 놀이 기구를 떠올리는 그 생각부터 고쳐야 한다. 오히려 **놀이터 공간 자체가 놀이 기구라는 생각을 할 수 있어야 한다.** 놀이 기구를 타는 아이들을 보면서 부모는 "하지 마라", "위험하다"라는 말을 끊임없이 해 댄다. 그런데 아이들을 잘 보면 미끄럼틀 타는 그 시간에 노는 게 아니라 미끄럼틀을 거꾸로 올라가면서 논다. 그런데 부모는 그걸 하지 말라고 한다. 놀이란 직접 해 보면서 배우는 것이다. 이런 것이 허용되는 놀이 기구가 있어야 한다. 단순히 움직이고 운동하는 것은 놀이가 아니다.

한국 놀이터의 '안전 신화'

해문 현재 한국 공공 놀이터의 참담한 상상은 '안전 신화'에 그 원인이 있다고 생각한다. 안전만을 오래도록 강조하다 보니 결과적으로 아이들에게 조금의 모험도 허용하지 않는, 재미없고 지루한 놀이터가 되고 말았다. 놀이터 안전 신화는 누가 만들어 낸 것이며, 안전 강조에 따른 이익은 누구에게 돌아가는 것인가.

권터 왜 안전이 강조되는가 하면 첫 번째는 과잉보호 때문이다. 형제자매가 많으면 서로 돌보면서 크게 되는데, 요즘은 하나밖에 낳지 않으니까 당연히 과잉보호하는 문화가 만들어진다. 어른들이 아무리 안전하게 놀이터를 만들고 규칙을 만들어도, 아이들은 그것을 넘어 제 맘대로 조작하려고 한다. 도전적 요소를 반드시 넣어 줄 필요가 있다. 아이들은 나이가 많아질수록 더 심하게 기존의 것들을 다르게 조작하려고 한다.

안전이 강조되는 두 번째 이유는 놀이 기구를 만드는 회사에 원인이 있다. 그들은 물건을 팔아야 하고 누군가는 사야 하는데, 가장 많이 파는 방법이 '안전'하다고 주장하는 것이다. 이것은 과잉보호하는 부모들을 만족하게 한다.

세 번째는 보험회사이다. 보험회사는 사고가 나면 어디에 돈을 줘야 하는지에 집중한다. 그래서 표준을 만들거나 공장에서 놀이 기구를 제조하는 데 영향을 미친다. 아주 구체적으로 "이렇게 만들면 허리를 다치고, 저렇게 만들면 어깨를 다칠 수 있다"는 식으로 조목조목 따지고 살핀다. 그들은 다치지 않는 것에만 신경을 쓰고 그에 따른 표준화 테스트를 하는데, 오로지 숫자에 의존한다. 숫자만 이야기하지 아이를 보지 않는다. 공장과 회사는 오로지 돈에만 관심 있으니까 보험과 표준치라는 것이 한 패가 되어 판매에만 집중한다. **회사나 공장에서는 보험과 표준치의 기준에 맞춘 제품을 만들어서 많이 팔기만 하면 된다.** 이런 이유로 놀이 기구의 안전이 강조되는 것이다. 세월호 참사를 보면 알 수 있다. 이런 사건이 터지면 사람들은 먼저 보험 이야기에 주목한다.

해문 한국의 놀이터 안전 신화는 세 가지 맥락에서 파악되어야 한다고 본다. 첫째로 아이들을 위한 것이 아니라는 것. 둘째로 재미없는 놀이터가 완성됐다는 것. 셋째로 관련 업체와 그들을 둘러싼 이익집단의 마케팅, 그 이상도 이하도 아니라는 것이다. 선생님은 한국에 오셔서 세월호 참사 촛불집회에 참여하며 눈물짓기도 하셨는데, 이 사고를 보면서 다시 한 번 '안전 신화'를 생각하지 않을 수 없다.

우리 아이들은 '안전'으로 포장된 "하지 마라", "가만히 있어라", "앉아 있어라" 같은 말들을 너무 많이, 너무 오랫동안 듣고 자란다. 이런 지시와 제지에 익숙해져서 문제 상황에 맞닥뜨렸을 때 어떻게 해야 할지 모르고, 지시받지 않으면 무엇 하나 행동으로 옮기지 못하는 아이들이 된 것은 아닌가 싶다. 아이들이 어렸을 때부터 실체 없는 '안전'만을 강요하는 세상에 살고 있다. 왜 그것이 위험한지 질문하지 못한 채 말이다. 이러한 것들이 세월호 참사에 영향을 줬다고 생각한다. 독일도 이와 비슷한 시기가 길게 있었다고 생각하는데, 독일에서는 이런 지시와 통제의 흐름을 어떻게 극복했는지 알고 싶다.

귄터 아이들이 움직이지 않았다는 것, 어른들이 움직이지 말라고 했을 때 그 말을 그대로 따랐다는 것은 히틀러식 교육이 영향을 미쳤다고 본다. 그 상황은 공포를 느끼거나 당황하거나 파랗게 질려버려야 할 상황, 다시 말해 패닉이 왔어야 하는 상황이었다. 그런데 살기 위해 모든 노력을 다 해 보다가 죽는 것과 가만히 앉아서 죽는 것 사이에는 큰 차이가 있다. 살려고 몸부림쳤다면 30명 정도만 목숨을 잃었을지 모른다. 그런데 가만히 앉아서 200명이 넘는 아이들이 죽었잖은가. 어른들의 "가만히 있어라, 우리가 하는 말을 들어라" 하는 지시와 같은 과잉보호에 익숙해진 결과이다. 내가 나를 보호해야 한다는 생각이 없기 때문이다. 어른이나 군인, 해양경찰이 나를 보호해 주지 않을 것이라는 그런 사회적 정서가 형성되어 있어야 한다. 자신은 스스로 보호해야 한다.

누가 놀이터를 만들어야 하는가

해문 한국에서는 놀이터를 누가 만들어야 하는지 물으면 건축가도 내 일이다, 조경사도 내 일이다 그런다. 거기에 디자이너까지. 놀이터 만들기는 누구의 일이며 누가 해야 하는가.

귄터 왜 다들 자신이 적격자라고 이야기하는가 하면 그 뿌리는 모든 어른이 다 아이들이었다는 데 있다. 그러니까 놀이터를 잘 안다는 것이다. 하지만 그 사람들은 아동기에 대한 해석을 성인의 관점에서 한다는 데 문제가 있다. 그 당시의 아동기와 요즘 아이들이 느끼는 아동기는 다르다. 그러므로, 그 당시의 아동기에 거리를 두고 지금의 아이들에서 출발해야 한다. 그런데 건축가나 조경사는 아동기를 성인의 눈으로 해석하면서 스스로 놀이터 전문가라고 인식하는 것이다. 그들은 놀이터가 깨끗하고 안전하기만 하면 된다고 생각한다. 아이들이 노는 공간은 매우 복잡한 사회적 기능을 가진 곳이다. 그러므로 놀이터를 만드는 일을 꼭 전문가가 도맡아 할 필요는 없다. 부모도 좋다. 교육운동가도 좋다. 다만, 10~20년 정도 아이들 놀이를 관찰한 경험이 있는 사람이 필요하다. 아이들이 놀이터에서 뭘 하는지, 아이를 데리고 놀이터에 나온 부모는 뭘 하는지 오래도록 지켜본 사람이 필요하다. 반달리즘에 영향을 받아서도, 맹목적 전통주의에 영향을 받아서도 안 된다. 지금 아이들에게 집중해야 한다. 놀이터를 볼 때도 흔히 "저 아이 나쁜 아이다", "놀이 기구 저렇게 타면 안 된다" 이렇게 비판적으로 보는 것은 도움이 되지 않는다. 정말로 아이와 부모가 놀이터에서 뭘 하는지 볼 수 있는 사람이 놀이터 만드는 데 참여해야 한다. 아이들이 놀 때 어른들은 머릿속으로 안전하기를 바라는데, 사실 아이들은 파괴하고 망치며 논다. 그런 모습을 본 어른들은 '어! 아이들이 저거 망가뜨린다'라고 생각하지만, 아이들은 파괴하는 것이 아니라 바꾸는 것이다. 약간의 변화를 주는 것이다.

해문 선생님과 며칠을 함께 다니면서 보니, 선생님은 강연을 마치면 늘 한국의 오래된 건축물들을 보러 다니셨다. '우리나라 놀이터에 한국 문화의 숨결이 담겨야 한다는 뜻이 아닐까?' 그런 생각을 했다. 우리나라는 놀이터를 만들 때 외형을 보면 장식마저 서구적 장식을 따라 한다. 예를 들면 뜬금없이 놀이터 기둥에 야자수를 매달아 놓는다. 어떤 경우는 통째로 스웨덴 미끄럼틀을 사다가 꽂아 놓는 일도 있는데, 한국적 놀이터 양식은 왜 고민하지 않는 걸까.
권터 한국은 일본의 지배를 받았고 이어 미국으로부터 자유를 선물 받았다는 인식이 있는 것 같다. 그런데 생각해 봐라. 미국은 역사가 없는 나라다. 다른 역사적 배경을 가진 사람들이 모여 만든 나라일 뿐이다. 그렇지만 한국은 수천 년의 역사를 가진 나라이다. 그런데 한국인은 왜 자신들의 것을 말하거나 표현하거나 만들어 내는 것을 두려워하고 부끄러워하는가. 한국의 놀이터 또한 그런 영향을 고스란히 받고 있다. **아이들이 놀이터에서 한국적인 삶의 방식이나 문화를 만나고 찾을 수 있게 해 줘야 한다.** 한국에는 좋은 것들이 많이 있는데 한국인들은 그것을 느끼지도, 발견하지도 못하는 것 같다. 그것은 자기 것에 대한 부끄러움과 두려움 때문이라고 본다. 이런 한국적인 자산을 충분히 인식하고 놀이터를 만들 때 반영하면서 시대에 맞게 새롭게 만들어야 한다. 내가 한국에 와서 한국적인 건축을 보러 다니는 까닭은 '한국 아이들은 여기서 자신들이 한국인이라는 것을 느끼고 자연스럽게 공동체 의식을 가지겠구나!' 하는 것에 주목하기 때문이다. 또한, 한국적인 것의 좋은 점을 내가 알아야 한국 놀이터에 관해 조언해 줄 수 있기 때문이기도 하다.

놀이에는 항상 '치유'가 포함되어 있다

해문 외람되지만, 선생님께서는 어렸을 때 왼손잡이셨고(당시만 해도 왼손잡이는 교정의 대상이었다고 한다) 요즘 말로 하면 ADHD와 가까운 면도 있었고, 게다가 난독증까지 있었던 것으로 알고 있다. 지금은 아주 명랑하고 쾌활하신 모습인데, 어떻게 그 시기를 지나게 되었는지 알고 싶다. 이 질문을 드리는 까닭은 놀이라는 것이 육체적·정신적·정서적 어려움을 겪고 있는 아이들에게 더욱 절실한 문제라고 생각하기 때문이다. 놀이와 놀이터는 이런 아이들과 어떻게 함께할 수 있을까.

권터 나는 왼손잡이였고 ADHD와 난독증이 있었지만, 이것이 장애인지는 모르겠다. 놀이는 세상을 배우고 미래를 배우는 일이기 때문에 항상 그 안에는 '치유'가 포함되어 있다. 예를 들어 부모가 싸우는 모습을 봤다면, 아이들은 가상놀이를 통해 엄마·아빠 역할을 하고, 요리도 하면서 그 충격을 치유한다. 아이들은 자신이 본 것을 가지고 놀기 때문에 또래 아이들과 놀게 해야 한다. 아이들은 문제가 있을 때 놀고 싶어 하고, 평화를 유지하고 싶을 때 놀기도 하고, 세상에서 어려운 일을 겪었을 때 놀고 싶어 하기도 한다. **아이들은 자신이 보고 들은 세상을 모방하면서 평화를 찾을 때까지 논다. 그래서 놀이는 치유다.** '장애아를 위한 놀이터'라는 말을 쓰지 말자. 여자아이들을 위한 놀이터, 남자아이들을 위한 놀이터라는 말을 따로 쓰지 않는 것처럼 장애가 있는 아이들을 위한 특별한 놀이터나 장소가 필요한 것은 아니다. 그 아이들은 보통의 놀이터에서 자신이 할 수 있는 만큼의 놀이를 하고 논다.

나는 놀이터에서 장애가 있는 아이들이 무엇이 다른지 오래 관찰했지만 별 차이가 없었다. 그저 여자아이들은 차보다는 인형을 더 좋아하고, 남자아이들은 인형보다는 차를 더 좋아했다. 장애가 있는 아이들을 위해 새로운 공간을 만들어 준다고 해서, 그 아이들이 마주하는 사회를 바꿀 수는 없다. 그러므로 똑같은 장소에서 놀게 해야 한다. 이 아이들에게 어떤 놀이 기구를 주느냐, 어떤 특별한 장소와 공간을 주느냐는 중요치 않다. 중요한 것은 '그들에게 충분히 놀 수 있는 공간을 주고 있는가'이다. 아이들이 노는 그 순간순간이 중요한 것이다.

해문 끝으로 놀이터를 혁신하려는 한국 사람들에게 들려주고 싶은 말씀은?

권터 우리는 아이들을 강하게 키워야 한다. 여기서 '강하다'는 것은 자기감정을 스스로 알고 있는 아이를 말한다. 아이들이 그런 감정을 키우려면 스스로 좋은 것을 만들어 보고, 좋은 것을 해 본 경험이 있어야 한다. 그 경험은 놀이를 통해서 할 수 있다.

해문 한국에서 새로운 놀이터 문화를 가꾸려는 사람들에게 깊은 깨우침을 주셨다고 생각한다. 건강하시고 또 뵙기를 바란다.

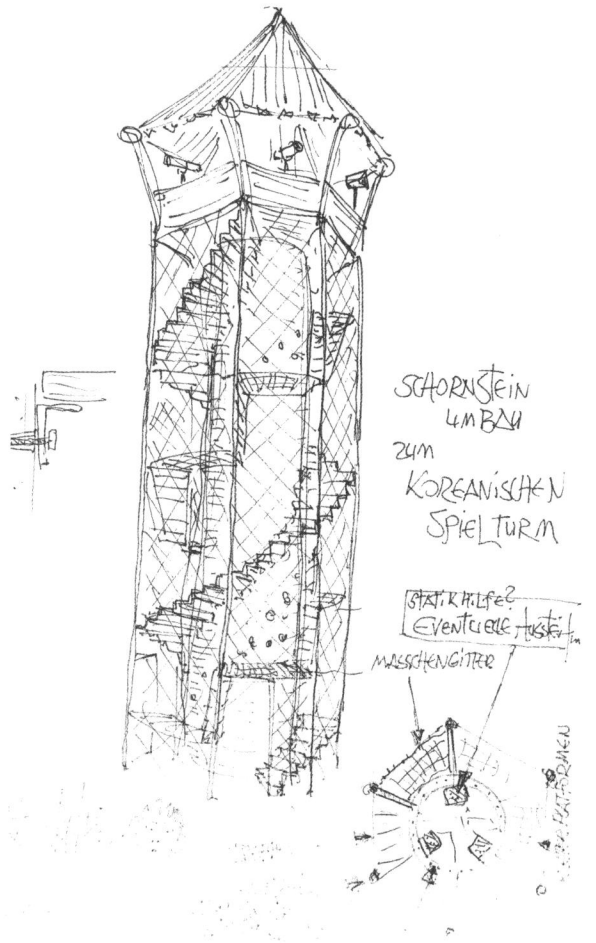

© Günter Beltzig.

한국의 놀이터를 둘러보다

Spielen ist
Lernen aus uns
selbst

Günt Beltzig
27.5.2014

아이들은 놀면서 스스로 배운다.

귄터를 찾아가다

할아버지
놀이터 참 잘 만드네

아들, 딸, 그리고 아내와 함께 뮌헨으로 가다

귄터는 내게 아이와 놀이와 놀이터에 대해 몇 가지 화두를 남겼다. 특정한 곳에서 특정한 놀이만 하라는 놀이터가 마침내 없어져야 한다는 말도 했고, 놀이터는 아이들이 어른들에게서 벗어나 자유롭게 놀 수 있는 공간이어야 한다는 말도 했고, 놀이터를 제약하면 아이들은 위험이 뭔지 모르고 커서 결과적으론 다른 사람을 위험하게 만든다는 말도 들었다. 귄터와의 일주일은 그렇게 너무 짧게 가 버렸다. 나에게는 물음이 아직 남아 있는데 시간이 빨리 흐른 것이다. 귄터의 일주일 한국 일정은 정말 틈이 없을 정도로 촘촘했다. 한국에 다시 오기도 쉽지 않을 것이다. 여기저기서 아침, 점심, 저녁으로 일정을 잡아도 사람 좋은 귄터는 거절하지 못했다. 집안사람들 모두 90을 넘겼다는 집안 내력이 있어 건강은 크게 걱정하지 않는다고 했지만, 70이 넘은 노인네가 입술이 다 터졌다. 나도 거든 셈이다. 뭘 많이도 물었으니 말이다.

적금을 찾아 뮌헨 가는 네 식구 비행기 표를 끊었다. 귄터의 놀이터가 보고 싶었다. 귄터가 독일로 돌아간 뒤에 놀이터에 대한 궁금함은 더 커졌고, 대한민국은 놀이터 난개발이 시작될 기운이 느껴졌기 때문이다. 독일은 먼 곳이었고, 그래서 한 달 가까이 머무르는 데는 시골 사는 우리 형편에서 꽤 큰 비용이 필요했다. 나는 살면서 이런저런 시행착오를 거치면서 얻은 한 가지 원칙이 있다. **공부는 자기 돈과 시간을 들여 해야 한다는 것이다.**

여러 해 전부터 국내에 북유럽 바람이 불어 그들의 교육 현장을 가서 보고 오는 이들이 많아졌다. 뭐라 말할 처지는 못 되지만 한 곳에 오래 머물면서 보아도 잘 보이지 않을 교육의 속살을 그렇게 여럿이 바삐 다니면서 무엇을 볼까 싶다. 따지고 보면 나의 '유럽 놀이터 둘러보기' 또한 '유럽 학교 둘러보기' 범주를 크게 벗어나지 못한다. 학교와 교육 시스템을 보러 유럽으로 향하는 것과 놀이터를 보러 유럽으로 향하는 것 모두 전제가 틀렸다는 점에서 같다. 한 나라의 교육 시스템은 그 교육 시스템 속에서 길러진 인재가 사회에 나와 어떤 대접과 취급을 받느냐에 달려 있다. 다시 말해 아이들은 우리나라나 유럽이나 학교를 마치고 노동자가 될 터인데 그런 노동자가 현재 우리나라 사회나 유럽 사회에서 어떤 대접을 받고 있는지 살피지 않고, 그 나라의 학교 제도를 살려 우리나라에 도입하려는 것은 성급한 일이다. 놀이터 또한 마찬가지다. 이런 맥락 속에서 과연 유럽의 놀이터를 보러 가는 것이 마땅하냐는 질문이 이어졌다.

이런저런 풀리지 않는 의문 속에서도 유럽의 놀이터를 보러 가기로 결정한 것은 귄터가 거기 있었기 때문이다. 나는 책이 없어 배우지 못한다고 생각하지 않는다. 실제로 그렇게 사는 사람이 없어 배우지 못한다. 다행히 배울 사람이 있으니 찾아가야겠다고 마음먹었다. 한국에서 일주일을 함께 다니던 어느 날, 귄터에게 물었다. 한번 가도 되겠냐고? 귄터는 한순간의 주저함도 없이 오라고 했다. 그 말만 믿고 비행기 표를 끊고 귄터한테 전화를 했더니(전화는 아내가 한다. 나는 다른 나라 말을 못한다) 어서 오란다. 그것도 나 혼자 가는 것이 아니라 아내와 돌이 안 된 사내애와 일곱 살 딸과 같이 간다고 했더니 더 좋다고 했다. 마치 손자, 손녀를 보고 싶어 하는 할아버지 같았다. 그렇게 우리 네 식구는 팔자에 없는 뮌헨 가는 비행기에 올랐다.

귄터가 사는 곳은 옛날 서독의 수도였던 뮌헨에서 한 시간 정도 떨어져 있는 잉골슈타트의 한 시골 마을이었다. 올해 74세인 귄터는 43년 전부터 이곳에 살았다고 한다. 우리로

치면 귀촌을 한 셈이다. 비 내리는 뮌헨 공항으로 귄터가 아들 승합차를 몰고 마중 나왔다. 아이 둘을 보자, 반갑게 인사하며 소리 나는 인형을 하나씩 안겨 주었다. 그러고는 우리는 잉골슈타트 외곽에 있는 아주 오래된 귄터의 집에 도착했다. 도착한 날 저녁 한바탕 소란이 있었다. 딸아이가 귄터의 집으로 들어서다가 확 안기는 루시라는 개를 보고 깜짝 놀라 두 내외분이 조용히 살던 집이 떠나가도록 울어 젖히기 시작한 것이다. 우리도 시골에서 집 밖에 큰 개를 키워 적응이 되었을 법도 한데, 집 안에 큰 개가 아무렇지 않게 돌아다니고 있어 놀란 모양이다. 귄터는 아이들은 새로운 것에 적응하는 데 시간이 필요하다고 했다.

한 이삼일 가까운 곳에 숙소를 잡고 귄터와 만나려고 했던 우리의 계획이 바뀌었다. 다른 숙소 이야기는 말도 못 꺼내고 일주일 내내 귄터의 집에 머무르며 먹고 마시며 이야기 나누었다. 지금도 첫날 귄터가 했던 말이 기억난다. "친구! 일하지 말고 놀고 쉬다 가시게." 그래서 우리 가족과 귄터와 이리 할머니와 루시와 함께 놀이터는 조금 보고 여기저기 놀러 다니며 일주일을 보냈다.

놀이터는 프로젝트가 아니라 프로세스다

귄터의 집에서 일주일을 머무르는 동안 매일 아침 이리 할머니와 루시와 함께 산책했다. 할머니도 참 고운 분이었는데, 있는 내내 우리를 편하게 해 줬다. 이리는 하루 가운데 산책하는 시간이 제일 좋다고 했다. 비가 오나 눈이 오나 이렇게 루시와 걷는다고 했다. 할머니 건강은 이런 습관에서 나오는 것 같았다. 젊어서 디자이너 일을 하셨던 이리는 귄터를 만난 것도 같은 디자인 사무실에서였다고 한다. 귄터는 그때나 지금이나 개구쟁이 같은 모습으로 다녔는데 그런 귄터가 마음에 들었나 보다. 두 분의 사랑 이야기를 앨범을 넘기며 밤늦도록 들었던 날이 있었다. 그러다가 두 분이 뽀뽀를 하자 함께 간 딸이 함박웃음을 지었던 기억이 난다. 그립다. 독일의 목가적인 농촌 풍경은 우리네와 사뭇 달랐다. 넓고 조용했다. 길가에 야생 블랙베리가 지천으로 널려 있어 동네를 한 바퀴 돌다 보면 입은 검어지고 배가 다 부를 지경이었다.

어느 날 느지막이, 갈 데가 있다고 하면서 우리를 데려간 곳은 겉으로 보기에 학교처럼 보이는 곳이었다. 이곳은 우리로 치면 학교나 사회 적응에 어려움을 겪는 아이들을 일정 기간 돌보는 곳이었다. 우리가 갔을 때는 방학이어서 학생들은 집으로 돌아간 상태였다. 학기 중에는 아이들이 이곳에 머물며 생활한다고 한다. 이곳 한쪽에는 귄터가 7~8년 전에 만든 놀이터가 있는데 돈을 받지 않고 디자인했다고 한다. 귄터만의 나눔의 방식이 있는 것 같았다.

이곳에 머무르는 아이들은 과격한 행동을 하기도 하고, 특히 함께 지내는 친구들과 어려움을 겪는 아이들이 많다고 한다. 디자인하기 전에 귄터는 고민을 많이 했단다. 이런 아이들에게 어떤 놀이터가 좋을까? 학교 측 이야기를 들어 보니 아이들을 통제하려는 것 같았다고 한다. 학교에서는 처음에는 좋은 놀이터를 만들어 달라고 했단다. 그러려면 그 놀이터에 올 아이들의 이야기를 충분히 듣는 것이 필요하다고 했단다. 그런데 시간이 없다고 했다.

결국, 좋은 놀이터를 만들어 달라는 것이 아니라 좋아 보이는 놀이터를 만들어 달라는 말이었다. 예를 들면 눈에 띄고 색채가 다양하고 로맨틱한 놀이터 말이다. 귄터는 놀이터는 프로젝트가 아니라 프로세스라는 말을 자주 했다. 내가 한국의 놀이터 붐 현상에서 가장 걱정하는 부분도 이 대목이다. 많은 사람이 놀이터를 프로젝트로 접근하고 있다. 프로세스는 잘 보이지 않아 안타깝다. 충분한 시간을 두고 만들어야 하는데 그렇지 않기 때문에 이런 일이 생기는 것이리라. 귄터는 **아이들을 만나 이야기를 듣**

놀이터 디자이너

놀이터 디자이너

고 이 **놀이터를 만들었다**고 했다. 이곳 아이들 가운데는 약물에 중독된 아이도 있고 부모가 없는 아이도 있다고 한다. 다른 문화 속에서 살아야 하는 이민자 자녀도 꽤 있나 보다. 들고 나는 것도 썩 수월하지 않은 것 같았다. 그런 곳에 귄터는 놀이터를 허투루 지을 수 없었을 것이다.

귄터는 이렇게 억눌려 있는 아이들한테는 놀이가 치유가 될 수 있다고 보았다. 힘센 아이는 힘을 쓰려 하고 꾀가 있는 아이는 꾀를 부리려 하는데, 이 둘을 어떻게 놀이터 안에서 관계 맺게 할 수 있을까 고민했다. 그래서 단순히 물놀이 기구 하나를 설치하더라도 그런 힘의 우열을 조화시키는 놀이 기구를 설치했다. 힘이 센 아이는 위에서 마음껏 힘을 써 놀이에 몰입하도록 설계했다. 그래서 힘을 있는 대로 다 써야 물을 퍼 올릴 수 있는 펌프를 설치하고 그렇게 퍼 올린 물은 다른 아이들이 물길을 만드는 곳으로 흐르게 했다. 이곳에서 그런 갈등이 해소되는 것을 여러 차례 보았다고 했다.

귄터의 이 놀이 기구를 보고 떠오른 놀이 기구가 있었는데 'Play Pump'라는 것이다. 이 놀이 기구는 상용화가 많이 되었는데 아이들이 회전목마나 시소를 타고 놀면 그 동력이 실제로 주민들의 식수를 퍼 올리는 것으로 바뀌도록 설계된 놀이 기구이다. 자세한 것은 http://youtube.com/watch?v=dg_yWWqj-2M를 참고하시라. 그러나 실제 이 놀이펌프는 놀이도 식수도 불가능한 사기로 판명났다.

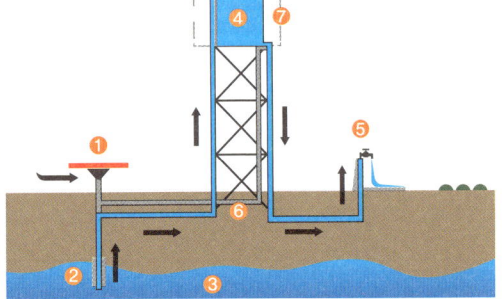

Play Pump. 아이들이 놀면서 만들어지는 동력이 식수를 퍼올린다.

이렇게 만든 놀이터는 전체적으로 볼 때 매우 자연에 가까운 모습이었다. 귄터의 말을 들어 보니 중간마다 꽂혀 있는 큰 돌도 그냥 두고 언덕도 그대로 살려 만들었다고 한다. 위쪽으로 움직여 조금 큰 아이들 놀이터를 가 보았다. 그곳에 내가 꿈꾸던 놀이터가 있었다. 내가 어려서 놀던 놀이터와 너무 흡사했다. 공공기관에 딸린 놀이터를 이렇게 만들어도 괜찮다니 부러운 마음이 들었다. 그곳에는 비밀 장소도 여럿 있었다. 놀이터에는 꼭 숨을 곳이 있어야 한다고 했다. 아이들이 흥분의 도가니 속에서 정신없이 놀다가도 순간적으로 착 마음을 내려놓고 머물 수 있는 곳이 있어야 한다는 말이었다. 그렇지만 그 비밀 장소가 밀폐되어 있으면 안 되고 뚫려 있어야 한다고 했다. 일부러 좁게 만들었다는 이야기도 했다. 까닭을 물으니 서로 다투고 싸웠던 친구라도 가까이 붙어 있게 되면, 서로 다시 친해지기 때문이라고 했다.

귄터 할아버지, 놀이터 참 잘 만드네!

또 다른 귄터의 놀이터를 가 보았다. 오래된 성벽이 둘러쳐진 아래쪽에 거의 나무로 만들어진 꽤 넓은 놀이터였다. 처음에는 몰랐는데 볼수록 놀이터가 주변과 이질감이 느껴지지 않을 만큼 조화롭다는 느낌이 들었다. 아내도 놀이터가 참 편안하다고 했다. 그래서 주변을 꼼꼼히 살펴보았더니 귄터가 만든 놀이터가 뒤쪽에 있는 성벽 담장의 연장선에 있음을 알았다. 성곽 색과 놀이 기구 색깔이 또

한 어울렸다. 다시 말해 놀이터가 들어서기 전에 그곳에 무엇이 있는지를 오래도록 보고 그것에 알맞은 놀이터 디자인을 했다는 말이다. 재료나 색감이나 주제가 그랬다. 이 놀이터 또한 무상으로 했음을 알려 주는 팻말이 한쪽 구석에 자리 잡고 있었다. 이렇게 나무로 만든 놀이터는 내구연한이 얼마나 되는지 물었더니 30~50년 정도는 넉넉히 버틸 수 있다고 했다. 여기 쓴 나무는 특수처리 과정을 거친 참나무인데 50~60년을 자연 상태에서 견뎌낸다고 했다.

권터는 놀이터 디자인으로 돈을 벌지는 못했다고 했다. 우리나라도 사정은 마찬가지다. 한국에서 놀이터 디자인을 하시는 분들을 만나 보면 정말 말도 안 되는 조건 속에서 일을 하는 경우가 대부분이다. 비용은 적게 주고 빨리 설계를 하라고 하니 다른 나라 놀이터 디자인을 가져다 쓰는 경우도 생긴다. 개선이 필요하지 탓할 일만은 아니다.

독일에서 권터와의 만남은 한국에 돌아와 이런저런 제안을 받을 때, 지원과 용역 근처에 가지 않고 놀이터를 이야기하는 사람으로 남는 계기가 된 것 같다. 내 돈 쓰면서 한국의 놀이터를 바꾸는 일에 나서야 하지 않을까 그런 생각을 했다. 자본의 한복판에서 돈으로부터 자유롭기는 쉽지 않다. 그렇지만 하한선을 정하고 그것을 넘지 않으려고 한다. 나는 놀이터 디자이너이자 놀이운동가이면서 사실 놀이터 비평가 자리에 서 있다. 그런데 생각해 보라. 그런 운동가나 비평가가 용역 받아서 일하면 무엇을 비판할 수 있고, 설사 비판한다 하여도 그런 비판을 누가 듣겠는가? 내가 시골에 등기만 되어 있는 집을 고쳐, 산에서 나무해 불 때며 사는 까닭이 고백하자면 그런 데 있다. 내가 자유로워지는 길은 삶의 규모를 줄이는 방법밖에 없다고 생각하기 때문이다. 그래서 아내에게 늘 미안하다.

권터가 만든 놀이터를 보고 딸이 달려가더니 알아서 놀았다. 내가 가까이 가려고 하니 권터가 그냥 놔 두라고 했다. 아이들이 시도하고 도전해 보는 것이 놀이라고 했다. 아이가 스스로 놀면서 세상을 보는 눈을 놀이터에서 가지게 도와주라고 했다. 한참을 오르고,

내리고, 타고, 미끄러지며 놀다 오더니 딸이 한마디 한다. "귄터 할아버지 놀이터 참 잘 만드네!" 귄터는 어른들이 하는 놀이터 비평에는 기울이지 않는다고 했다. 조금 전 다솔이가 했던 말이 바로 최고의 놀이터 비평이라고 했다. 아이들이 놀고 난 다음에 하는 말이 논평으로서 가치가 있다는 말이다. 물론 반대의 목소리도 나올 수 있다. 중요한 것은 놀이터를 디자인하는 사람이 놀이터를 만들고 다른 곳에 가서 놀이터를 또 짓는 것이 아니라, 놀이터를 하나 만들면 그곳에 와서 노는 아이들을 오래도록 보고 그들의 이야기에 귀 기울여야 한다는 말이었다. 진정한 참여와 커뮤니티 디자인이 이런 것이 아닐까? 언젠가 귄터는 이런 말을 해서 나를 흔들었다.

나는 오래도록 많은 놀이터를 만들었지만, 그중 잘 만든 놀이터가 무엇인지 모른다. 그러나 나는 내가 만든 놀이터 가운데 어떤 놀이터를 잘못 만들었는지는 분명히 안다. 놀이터를 만들고 나서 3년은 지켜봐야 좋은 놀이터인지 좋지 않은 놀이터인지 알 수 있다. **3년이 지나도 아이들이 찾아와 논다면 그곳은 좋은 놀이터이다.**

나 또한 놀이터를 오래도록 지켜보는 사람으로 남고 싶다. 귄터 집 앞마당에는 귄터가 1973년에 만든 회전목마가 있다. 독일 제품이 내구성이 좋다는 이야기를 들어 본 적이 있지만 사실 조금 놀랐다. 플라스틱이 막 개발된 시점에 만든 작품이었다. 그때 당시는 좋은 플라스틱 원료로 만들었는데, 오히려 지금 놀이 기구에 쓰는 플라스틱 원료가 썩 좋지 못하다는 말을 했다. 칠이 다 벗겨져 속이 훤하게 보일 지경이지만 동네 아이들이 오며 가며 타기에 전혀 문제가 없었다. 이 회전목마는 꽤 알려진 귄터의 작품이라 베를린의 놀이터에서 가끔 볼 수 있었다. 그때마다 우리 가족은 귄터를 본 것

놀이터 디자이너

같은 반가움에 식구가 다 올라타 놀았던 기억이 난다.

이 회전목마 놀이 기구가 그냥 재미만을 위한 용도로 만들어진 것은 아니다. 이 회전목마를 점점 더 빠르게 돌리면 덩치가 큰 사람이 오히려 원심력을 견디지 못하고 밖으로 튕겨 나가는 일이 생기고, 몸집이 작은 아이들이 오히려 잘 버틴다. 힘세고 큰 아이만 잘하는 것이 아니라 작은 아이도 잘하는 것이 있다는 것을 이 놀이 기구는 몸으로 체험하게 해 준다. 그것도 함께 재미있게 놀다 보면 저절로 몸으로 깨우치니 좋은 놀이 기구의 예가 아닐까. 머물던 어느 날 저녁, 귄터가 젊었을 때 만들고 지금은 미국의 뉴욕 현대 미술관에 '두 번째 피부'라는 이름으로 소장되어 있는 의자를 보았다. 요즘 디자인도 쉽지 않은 난해함이 느껴졌다. 귄터도 젊었을 때는 저랬구나 하는 생각을 했다. 앉아 보니 뜻밖에 편했다.

그날 낮에 딸을 깜짝 놀라게 했던 악동 귄터의 모습을 보시라.

귄터의 아틀리에

길 건너 이층집으로 우리를 데려갔다. 1층은 아들 내외가 살고 있었다. 계단을 오르면서 가정집으로 보기에는 뭔가 좀 다르다는 느낌이 들어 물었더니, 옛날 이 동네 초등학교였다고 한다. 귄터는 오래된 학교 2층을 자신의 아틀리에로 쓰고 있었다. 크게 세 부분으로 나뉘어 있었는데 가장 넓은 곳은 오랫동안 해 온 놀이터와 놀이 기구 사진과 모형들이 전시되어 있었다. 나머지 작은 방 두 곳 가운데 한 곳은 연구실이었고, 또 다른 한 곳은 연장과 공구가 가득한 작업실이었다. 귄터를 찾아오는 사람도 이 아틀리에를 모르는 사람이 많을 것 같았다. 이곳은 오롯이 귄터의 공간이었다.

그동안 해 온 놀이터와 놀이 기구 밑그림들이 쌓여 있었고 완성된 것들이 사진으로 걸려 있었다. 귄터가 구상한 놀이터의 크기와 규모에 놀라 잠시 멍해졌다. 하루아침에 따라잡을 수 있는 것이 아니었다. 수십 년을 놀이터에 매진해 온 장인의 켜켜이 쌓인 시간의 무게가 느껴졌다. 사람은 사람이 있어야 배우는구나, 그때 다시 생각했다. 다만, **놀이터 가까이서 오래도록 머물며 아이를 지켜보는 사람으로 남아야지**라는 생각을 귄터의 아틀리에에서 했다.

**낮에 쉬고
밤에 묻다**

귄터 집에서 일주일을 머무른 동안 아이들이 잠자리에 들면 우리는 늦도록 놀이터 이야기 꽃을 피웠다. 때로는 격정적으로 다투기도 하고 때로는 차분하게 포용하면서 긴 밤을 포도주 여러 병을 비우며 이야기를 주고받았다. 독일어는 전혀 안 되고 부족한 영어로 이야기하다 보니 답답한 부분이 있었지만, 이심전심으로 무슨 뜻인지 알아갔다. 나는 몇 가지 놀이터에 대해 한국에서 묻지 못한 논쟁적인 질문을 했다. 아내를 통해 질문을 건네고 귄터의 이야기를 듣는 모양새였다. 어떤 질문은 짧았으나 귄터가 아주 풍부하게 대답을 해 주어 하루 저녁이 거의 다 갔던 적도 있고, 내가 길게 질문을 했는데 귄터가 아주 짧고 명확한 견해를 밝혀 쉽게 정리된 질문도 있었다. 묻고 답한 이야기를 간추려 본다. 한국에서 놀이터를 고민하는 분들이 함께 읽어 주기를 바란다.

폐자재 놀이터

먼저 준비해 간 영국의 폐자재 놀이터 영상을 보여 주면서, 아이들이 마음껏 노는 것이 허용된 놀이터라고 하는데, 귄터는 어떻게 보는지 물었다. 귄터는 영상에는 보이지 않지만, 이 놀이터에는 분명히 어른이 있다고 했다. 그리고 왜 어른들이 이런 놀이터를 만들어 놓고 스스로 만족해 하는지 모르겠다는 말을 했다. 놀이터는 슬럼처럼 보이지만 노는 아이들은 그 계층 아이들이 아니라는 것이다. 자연에 가서 놀면 되지 왜 이런 놀이터를 애써 만들려고 하는지 묻고 싶다고 했다. 이것은 1970년대 유행한 반교육의 이념에 따라 그냥 아이들을 놔두었을 뿐이란다. 나아가 이것은 교육이 아닐뿐더러 아이들은 이런 곳에서 배우기 어렵다고 했다. 그냥 내 마음대로 그려라. 그런 것이 교육은 아니라는 말이었다. 그림을 그릴 수 있는 종이를 마련해 주어야 한다고 했다.

어른들의 자기만족을 위한 놀이터

팀 질(Tim Gill)이 주도하는 영국의 '거리 놀이터' 영상(https://www.youtube.com/watch?v=uGf6kooQ2Cw)을 보고 이렇게 일시적으로 동네 길을 막아 놓고 하는 이벤트성 놀이터가 놀이터라고 할 수 있는지 물었다. 귄터는 영상에 나오는 아이들의 인터뷰를 유심히 봤다. 특별한 날 차량을 막고 거리에서 놀고 있는 아이를 방송국 기자가 붙들고 오늘 놀이터 어땠는지 묻는 장면이었다. 귄터는 아이의 인터뷰를 보고 나서는 이런 말을 했다. 아이들은 이 상황에서 물어 보면 당연히 "좋았어요"라고 대답한다고 했다. 아이들이 좋았는지 그렇지 않은지는 떨어져 지켜보면 되는데, 아이를 붙잡고 이렇게 노니까 좋지? 이런 질문은 어리석은 거라 했다. 정말 아이들 상태가 궁금하다면 그냥 보면 된다고 했다. 놀이터에서 제발 아이들에게 어떠냐고 묻지 말라는 말이었다.

그리고 영상을 끝까지 본 뒤에 어른 한 사람만이 아이와 놀고 있다는 말을 했다. 귄터는 이런 특별한 놀이터는 놀이터가 아니라고 했다. 비 오는 날도 눈 오는 날도 아이들은 어디서나 놀 수 있는데, 좋게 노는 모습만 보여 주려고 해서는 안 된다는 말이었다. 나아가 이런 놀이터는 생활 속 놀이터가 될 수 없다고 했다. **아이들이 매일매일 놀 수 있도록 도와야 하는데 한순간에 놀게 해 주려는 이런 의도들이 문제라고 했다.** 우리나라에도 이런 종류의 놀이터가 많은데 나는 이런 놀이터를 '기획된 놀이터'라고 정의한다. 놀이터는 일상의 영역인데 놀이터를 특별한 무엇으로 강조하려는 놀이터 행사와 이벤트 축제가 한국에 넘쳐난다. 그런 놀이터 행사들 한복판에서 진짜 놀고 있는 아이들은 찾기 어렵고, 어른과 부모들은 아이들을 위해 이런 행사를 준비했다며 자아도취에 빠지는 경우를 자주 본다. 내 이야기다.

스포츠인가, 놀이인가

아이들이 스포츠클럽에서 활동하는 것을 부정적으로 생각할 필요는 없겠지만, 놀이와 놀이터의 자리에서 보면 걱정스러운 부분이 많다. 승부에 집착하고 게임에 졌을 때 감당하지 못하는 모습이나 어린아이들을 향한 코치나 감독의 독려와 질타를 보면서, 이런 걸 아이들이 왜 해야 할까 하는 생각을 자주 한다. 아이들은 놀면서 몸과 마음의 근육과 심성을 고루 일깨워야 한다. 그러나 스포츠는 특정 근육에만 집중하게 하고 승부에 집착하게 만든다. 이런 궁금증을 안고 귄터에게 물었다. 스포츠와 놀이의 차이에 대해서는 어떻게 생각하시는지? 곧바로 대답이 날아왔다. 정말 날아왔다. 자신은 스포츠를 경멸한다고 했다. 스포츠는 영웅과 승자만을 위해 존재한다고 했다. 또한, 많은 삶의 루저들을 만들어 낸다고 했다. 스포츠가 영웅과 승자를 뺀 나머지 사람들을 루저로 살게 하는 것을 주위에서 너무 많이 보았다고 했다.

그래서 어린아이에게 스포츠를 권하는 것은 루저를 권하는 것과 같다고 했다. 경기에 지거나 선수 생활을 할 수 없게 되면 멘탈 붕괴, 알코올, 싸움꾼 등등 많은 문제를 겪는다는 것이다. '난 실패자야', '난 이제 할 수 없어'라는 마음을 길러 주기 때문에 자신은 스포츠를 싫어한다고 했다. 반면에 놀이는 실패자를 만들지 않는다고 했다. 나 또한 스포츠에 대해 놀이와 거리를 두고 있었지만 귄터가 이렇게까지 주장할 줄 몰랐다. 그러나 듣고 보니 맞는 말이었다. 한국에서 놀이보다 스포츠를 권하는 부모들의 영악함이 있다. 놀이는 아무 것도 아니라고 생각하지만, 스포츠는 배워 두면 선수도 될 수 있고 스펙도 될 수 있고, 관리·감독 속에서 시간을 보내니 한결 아이에게서 떨어져 있기가 수월한 많은 이점이 있기 때문이다. 그중에서 내가 제일 걱정하는 부분은 그런 스포츠 활동을 통해 지도자의 말을 듣는, 다시 말해 지시를 따르는 습관이 들지 않을까 하는 기대로 스포츠 활동을 권하는 부모의 태도이다.

한국의 유격장 놀이터

서울에 있는 한 놀이터 사진을 보이면서 물었다. 여기에 오는 부모 말을 들어 보면 아이들이 정말 좋아하고 이런 걸 만들어 줘 고맙다는 말까지 한다고 전했다. 나는 평소에 이런 놀이터를 보면 군대 유격장이 떠올라 불편했다. 놀이터가 노는 곳이지 체력과 담력을 기르는 곳인가 하는 근본 의문도 있다. 특히 이 놀이터에서 받은 느낌 가운데 받아들이기 어려웠던 부분은 부모가 위에서 놀고 있는 아이를 내려다볼 수 있도록 높이 둘러쳐진 난간이었다. 귄터는 묵묵히 사진을 본 후 이야기했다. 외형적으로 보았을 때 일단은 매우 위험해 보인다고 했다. 두 번째는 너무 같은 꼴과 형식들이 되풀이되고 있다고 했다. 예를 들어 미끄럼틀이 두 개 있는데 같은 모양이라는 것. 이것은 놀이 기구 외형도 그렇지만 그 놀이 기구에 오르거나 내려오는 방식 또한 선택의 여지가 없다는 말이었다.

그런데 아이들이 이곳에 토요일이나 일요일에 많이 오는 것에 대한 전혀 다른 이야기를 했다. 이 놀이터에 아이들이 많이 오는 까닭은 이 놀이터가 잘 만들어져서가 아니라 다른 놀이터가 가까이 없기 때문이라고 했다. 그러니 아이들이 몰릴 수밖에 없고 잘 만든 것이 아닌가 착각하게 만든다는 것이었다. 이런 곳은 너무 많은 아이들이 몰려들어 사고가 날 수 있다고 했다. 그리고 자리에서 일어서더니 두꺼운 책 한 권을 들고 나왔다. 오래된 건축물에 대한 백과사전이었는데, 과거 병영에서 군인들을 훈련하던 기구들 그림을 펼쳐 보여 주었다. 똑같았다. 유격장 느낌이었던 내 생각과 일치했다.

권터는 이런 것은 놀이터라기보다는 검투장이라 했다. 아래를 내려다볼 수 있는 2층 난간에 대해서도 말했다. 2층에 앉아 아래층에서 노는 아이들에게 이렇게 해라 저렇게 하지 마라와 같은 지시를 할 수는 있어도 아이들을 도울 수 있는 구조는 아니라는 것이다. 그야

말로 감시를 위한 구조라 했다. 이렇듯 위에서 부모들이 내려다보고 있다면 아이들이 어떻게 마음껏 놀 수 있겠는가? 놀이터를 이런 구조로 만들었다는 것은 한국 사회가 아이들을 어떻게 인식하고 있는지를 보여 주는 것이라 했다. 놀이터는 특별한 금기가 없어야 모두가 와서 놀 수가 있는데 이 모험놀이터는 그렇지 않다고 했다. 10년 전 유럽 스타일이라 했다.

이번에는 귄터 스타일로 해 볼까

끝으로 한 가지 질문을 했다. 귄터가 한국에 다녀갈 즈음해서 놀이터에 대한 논의들이 많아지고 있는데 한국에서 받은 느낌은 어떠했는지, 앞으로 놀이터를 만들려는 분들에게 하고 싶은 이야기는 무엇인지 들려 달라고 했다. 한국에서 몇 군데 연락을 받았다고 한다. 나이도 많고 거리도 멀어 참여할 수 없다고 했단다. 이런저런 제안을 받으면서 들었던 생각은 한국이 이번에는 놀이터를 '귄터 스타일'로 해 보려는 느낌이 들었다고 한다. 말도 안 되고 어리석은 일이라 했다. 놀이터란 스타일의 문제가 아니라 아이들에 대한 진정성이 있어야 한다고 했다. 왜 놀이터를 모방하려 하고 수입하려 하는지 알 수 없다고 했다. '귄터 스타일!' 부끄럽고 끔찍한 일이라 했다. 귄터는 앞서 한국은 오천 년의 역사와 문화를 가진 나라라는 말을 여러 번 했다. 이 말은 자기 나라와 민족만이 훌륭하다는 것이 아니라 자기 문화 속에서 놀이터로 가져 올 수 있는 것이 무엇이 있는지 깊이 살피고 난 다음, 밖도 보고 현재 기술이 도달해 있는 수준도 보면서 함께 가야 한다는 말이었다.

함께해라, 해문아!

한두 가지 부탁을 하며 귄터는 이야기를 마무리했다. 첫 번째는 함께하라는 말을 했다. 이것은 앞에 앉아 있는 나를 두고 한 말이었다. 한국에 왔을 때 놀이터 관련 사람들을 여럿 만나면서 뭔가 조금씩 다른 결들을 보았을 것이다. 뭔가 각자 놀이터를 생각하고 있고 각자 익숙한 방식대로 놀이터를 만들려는 움직임 말이다. 그 속에서 갈등을 목격했을 것이다. 귄터는 이걸 제일 걱정했다. 놀이터는 어느 사람이나 특정 집단 하나가 만들어 가는 방식을 취하면 결코 좋은 놀이터가 만들어질 수 없음을 여러 차례 말했다. 덧붙여서 세상이 싸움으로 하루를 시작하고 싸움으로 하루를 마치는 일이 되풀이되고 있다고 했다. **놀이터에서 사람들과 다투지 않고, 아이끼리는 싸우더라도 싸운 아이와 함께 지내는 것을 배울 수 있는 그런 놀이터를 만들어야 한다고 했다.** 나는 함께 만들라는 뜻을 주문처럼 외고 있다.

디자이너는 세상을 바꾸는 사람이다

우리는 오천 년 전 인류가 아니라고 했다. 어른들은 그러나 여전히 아이들에게 이거 해라 저거 하지 마라 하면서 아이들을 작은 사람 취급한다고 했다. 그러면 아이들은 작은 사람이 돼 버린다고 했다. 아이들에게 쓸 수 있는 시간과 움직일 수 있는 공간을 주라고 했다. 그리고 아이들이 그 속에서 자기 생각으로 살 수 있게 도와주어야 한다고 했다. 놀이터를 새롭게 짓는다면 앞으로 아이들이 살아갈 세상에 도움을 줄 수 있는 것을 찾고 배울 수 있는 놀이터를 만들어 주어야 한다고 했다. 어른과 아이는 다른 미래가 있다고 했다. 우리 어른들과 달리 아이들은 자기 생각대로 클 수 있다고 했다. 이렇게 주어진 자유를 인류와 세상을 바꾸는 데 써야 한다고 했다. 그래서 디자이너는 세상을 바꾸는 사람이라고 했다. 놀이터 디자이너 또한 마찬가지라고 했다. 디자이너는 상품의 가치를 높이는 사람이 아니라 사회가 안고 있는 문제를 푸는 사람이라는 말로 이야기를 마쳤다. 놀이터 디자이너의 꿈을 꾸기 시작했다.

20년 가꾼 놀이터에 없는 것

일주일 동안 하루 세끼를 같이 먹었으니 귄터와 이리 할머니도 힘들었을 터이다. 우리도 하루에 한 끼 정도는 한국에서 가져간 라면을 끓여 함께 먹는달지 즉석 비빔밥을 해서 먹는달지 하면서 거들었다. 귄터는 아침저녁으로 테이블에 앉아 음식을 먹는데 꼭 성냥을 그어 촛불을 두 개 켰다. 이제 일곱 살이 된 딸은 그것이 신기했는지 자기도 켜 보겠다고 성화였다. 시골에서 아궁이에 불을 때고 사는 우리지만, 갈비(솔잎)나 콩대에 불을 붙일 때도 라이터를 쓰지 성냥은 안 쓰는데 여기 와서 그게 눈에 띄었나 보다.

내가 안 된다고 했더니 귄터가 턱 나서며 딸아이한테 성냥 켜는 법을 가르쳤다. 그 뒤로 밥 먹을 때 촛불 켜는 일을 딸아이가 맡았는데, 갈 때쯤 해서는 능숙해졌다. 성냥을 그어 처음에는 바로 초에 갖다 대더니, 차츰 성냥을 켜고 잠시 들고 있다가 불꽃이 살아나면

그때 초로 가져갔다. 타다 남은 성냥도 불어서 끄고 잠시 기다렸다가 재떨이에 올려놓을 줄 알게 되었다. 안동 집으로 와서는 라이터 켜는 법도 알려 달라고 해서 지금은 한 손으로 켤 줄 안다. 귄터가 이때 했던 이야기는 아이 스스로 할 수 있으니까 해 보려고 한다는 것이었다.

어른들은 다 너를 위한 것이라고 하면서 금지를 일삼는다. 단 거 먹고 이빨 닦아라, 컴퓨터 그만 해라, 텔레비전 그만 봐라, 이런 이야기를 길고 오래 하지만 귄터는 많은 아이가 앞으로 온종일 컴퓨터만 해야 하는 직업을

가지게 될 것이라고 했다. 금지를 이야기하기에 앞서 그 대안을 마련해 줘야 한다고 했다. 놀이터가 하나의 대안이 될 수 있겠다. 그런데 그 놀이터에 가서도 제지하느라 시간을 다 보내니 어쩌겠는가. 놀이터에서 엄마, 아빠가 아이들을 도와주다가 아이들이 더 다친다고 했다. 다시 말해 아이들은 부모와 함께 있을 때 더 많이 다친다는 말이다.

권터 집에는 이제는 장성해서 결혼한 아들딸이 어려서 가지고 놀았던 놀잇감이 어제 가지고 놀던 것처럼 고스란히 남아 있었다. 이 놀잇감은 일주일 동안 우리 아이들 차지가 되었다. 참 오래된 장난감들이 많았다. 이런 것을 하나도 버리지 않고 가지고 있는 모습을 보면서 나는 참 어떻게 살고 있나 생각에 잠겼다.

그렇게 며칠을 머물고 이제 베를린으로 떠나기로 한 날이 이틀 앞으로 다가온 날, 권터는 우리 가족을 뒷산으로 데려갔다. 처음에는 그냥 뒷산인 줄 알고 산책을 따라나섰는데 나중에 듣고 보니 그곳은 동네 아이들이 와서 놀기를 바라며 권터가 20년을 가꾼 놀이터였다. 나는 그 놀이터에 가서 넋을 놓을 수밖에 없었다. 한 인간이 20년 가꾼 놀이터라니 그게 말이 되는 소리인가. 그리고 내 눈에 펼쳐진 놀이터는 나를 주저앉혔다. 놀이터와 놀이 기구를 40년 가까이 만들고 디자인한 권터의 놀이터에는 아무리 찾아봐도 놀이 기구가 눈에 띄지 않았기 때문이다. 권터는 내게 놀이터를 이렇게 깨우쳐 주었다. 먼 길을 돌아 권터는 '무상의 놀이터'에 와 있었다.

그리고 내일 아이들이 놀러 온다며 풀 정리를 하자고 했다. 그리고 마침내 떠나기 하루 전날 권터의 놀이터에 온 아이들을 함께 맞이했다. 길게 이야기하는 것보다는 이날의 느낌은 사진으로 전달하는 것이 좋을 것 같다. 권터와 나는 불을 피우고 함께 온 부모들은 이야기를 나누며 아이들 먹을거리를 조금 준비했다. 아이들을 따라다니는 부모는 한 사람도 없었다. 아이들은 온종일 뛰어다녔다. 뛰어다니다 배가 고프면 와서 간단한 빵과 소시지를 먹고 또 산을 오르고 골짜기를 미끄러져 내려갔다. 나뭇가지를 모아 요새를 만들기도 했고 오두막에 오르기도 했다. 권터는 부모들과 이런저런 아이들 이야기를 끝도 없이 유쾌하게 이어갔다. 그리고 아이들은 차례로 각자 가야 하는 시간에 맞춰 하나둘씩 산에서 내려갔다. 귄터는 마지막으로 가는 아이들을 자기 집 앞마당에서 부모와 만나 배웅을 마쳤다. 간섭이라고는 없는 놀이터였다. 아이만 있고 놀이 기구는 없는 놀이터였다.

    놀이터를 혁신하려던 놀이터 디자이너는 귄터 이전에도 있었다. 그 가운데 이사무 노구치(野口勇, 1904), 알도 반 아이크(Aldo van Eyck, 1918), 쇠렌센(Søren Carl Theodor Marius Sørensen, 1893), 리처드 다트너(Richard Dattner), 폴 프리드버그(M. Paul Friedberg, 1931), 센다 미츠루(仙田滿, 1941), 데즈카 다카하루(手塚貴晴, 1964) 등은 내가 남다르게 관심을 두고 공부하는 놀이터 디자이너들이다. 하지만 나는 앞서 열거한 쟁쟁한 놀이터 디자이너들이 만든 마지막 놀이터를 모른다. 놀이터가 그의 일이었는지 놀이였는지 냉혹한 판단을 남겨 두었기 때문이다. 내가 귄터를 신뢰하는 까닭이다. 나도 내가 사는 뒷산을 놀이터로 가꾸고 싶다.

어린이는 미래다.

어린이가 자유로운 미래에 이르려면 한계를 넘어서야 한다.

2014년 5월 20일 귄터 벨치히

PART 3

놀이터 가꾸기

놀이터 붐에서 놀이터 봄으로

2015년, 놀이터는 한국 사회의 작은 화두이다. 2014년부터 여기저기서 놀이터를 이야기했 었고 지금은 실제로 놀이터를 짓고 있다. 반가운 일이다. 오랫동안 주장해 온, 아이들이 노는 데 필요한 터와 틈과 동무의 세 가지 필수 요소 가운데 하나인 공간의 문제에 사람들이 관심을 두기 시작했기 때문이다. 한국 사회에서 놀 공간으로서의 놀이터는 이런 맥락에 있다. 어떻게 보면 지금 놀이터 논의는 가장 귀찮고 어렵고 중요한 과제는 밀쳐 두고 가장 손쉬운 '짓기'에 뛰어든 셈이다. 어색하지만 반겨야 하고 힘을 북돋아야 한다. 놀이터 만들려는 사람들이 놀이터를 잘 만들 수 있도록 돌보는 일도 필요하다. 지금은 뭐라도 해야 할 때이기 때문이다.

다만, 걱정스러운 것이 몇 가지 있어 짧게 이야기해 보려 한다. 나는 현재 한국 사회 전반에 일고 있는 놀이터 움직임을 '붐'이라고 본다. 더러 '놀이터 붐'을 넘어 '놀이터 거품'으로 목격되기도 한다. 지금 한창 촉발되고 있는 놀이터 붐이 아이들에게 따듯한 '놀이터 봄'으로 자리매김하길 바라는 마음이다. '붐'과 '봄'의 차이란 무엇일까? **붐은 누군가 애써 만들어 가는 것이고, 봄은 자연스럽게 오는 것이다.** 아이들 놀이터에 대한 새로운 접근이 계절의 변화처럼 오기를 바라는 마음이다. 지금이 그때가 아닌가 생각한다. 그러나 이 둘 사이의 엇갈림과 조화를 한편으로 걱정한다.

놀이터가 붐이고 나아가 거품이 시작되는 것을 체감한 것은 작년 한 기업으로부터 놀이터 제안을 받으면서였다. 결론부터 말하자면 나는 제안을 거절했다. 작년과 올해 여기저기서 놀이터 논의가 있어 몇 군데 불려 나가 이야기도 보태고, 나 또한 새로운 놀이터 구상을 하는 차에 받은 제안은 나를 정신 차리게 했다. 이런저런 곳에서 놀이터 논의를 하는 것을 듣거나 거들다 보면, 놀이터 논의의 출발이 벌써 너무 많이 나간 지점에서 이야기되고 있구나 하는 느낌이 든다. 그 핵심은 자신들은 어쨌든 놀이터를 짓겠다는 것이다. 나 또한 놀이터가 지금의 모습이어서는 안 된다는 판단을 한 게 거의 10년 전이다.

놀이터는 바꾸어야 하고 어느 곳은 새롭게 지어야 한다. 이 명제에 나는 동의한다. 걱정스러운 것은 너무 급하거나 대책이 없는 극단의 모습이다. 여러 지자체는 앞선 놀이터와 다른 놀이터를 짓겠다고 분주하고, 주택단지 안에 있는 폐쇄되거나 철거된 놀이터는 흉물스럽게 테이프에 감겨 아이들 접근을 막고 있는 상황이다. 언제 놀이터에서 아이들이 다시 놀 수 있을지 기약이 없다. 이런 상황에 아이들을 더 낳으라고 하니 누가 듣겠는가. 게다가 놀이터를 멋지게 짓기만 하면 아이들이 와서 놀 것이라는 단선적인 생각을 갖고 있다. 올해 놀이터를 고민하는 기업을 포함해서 동네와 지역과 지자체 관련 분들에게 하고 싶은 이야기가 있다. 놀이터를 어떻게 만들면 좋을지 고민하고 준비하고 마침내 지어가는 것은 필요한 일이지만 이것에 앞서 반드시 살펴야 할 것이 있다.

어떤 놀이터로 만들까라는 생각에 앞서, 아이들 놀이터를 어디서 출발할 것인지 성찰해야 한다. 놀이터를 짓는 일은 어찌 보면 쉬운 일이다. 그것은 토목이고 토건이고 건축이고 조경이기 때문이다. 용역을 주고 설계를 하고 설계된 대로 지으면 되는 일이다. 하지만 놀이의 세 가지 필수 요소를 다시 떠올려 주시라. **아이들 놀이는 시간과 공간과 동무 사이에 존재한다.** 시간과 아이를 품을 수 없는 공간은 얼마나 황량한가? 놀이터라는 공간에 대한 고민에 앞서 놀이터에 아이들이 올 수 있는 시간과 그곳에 갈 수 있는 아이와 보내는 부모인 사람의 문제를 오래도록 살핀 다음, 놀이터 공간에 대한 고민으로 나가야 한다.

현 단계에서 한국의 놀이터를 바꾸는 전반적인 흐름에 큰 변화가 없다면 아이들 삶은 지루해지고 생기를 잃을 것이다. 지금 놀이터를 바꾸지 않으면 한국 아이들이 놓인 놀이 결핍의 후폭풍을 풀 실마리가 없어진다. 이 대목에서 내 고민과 갈등은 깊어 간다. 정기용 선생 전집에 그의 친구가 썼던 글이 떠오른다. 그 친구 분은 정기용 선생의 작업을 곁에서 지켜보면서 '굴욕과 좌절의 연속'이었다고 짧게 말했다. 이제 내게도 굴욕과 좌절이 방문하고 있다.

영국은 'Play England - making space for play'라는 캐치프레이즈를 오래전부터 내걸고, 국가 차원에서 교육 기회와 교육 공간과 더불어 아이들에게 놀이 공간과 놀이 기회도 주어야 한다는 놀이정책을 펴고 있다. 2008년부터 시작하여 2020년까지 장기 로드맵이 마련되어 있다. 이곳에서는 놀이터를 어떻게 만들 것인지에서부터 놀이 연구, 관련 인력 양성, 지역 커뮤니티의 참여 등을 안내하고 있다. 눈여겨보아야 할 것은 초등학교 평가기준에 학습과 더불어 놀이 또한 어깨를 나란히 하고 있다는 점이다. 한편, 2012년 영국 내셔널트러스트에서는 '12살이 되기 전에 해야 할 50가지(50 things to do before you're 11 3/4)'라는 바깥 놀이 캠페인을 펼치고 있다. 크게 모험, 발견, 관리, 추적, 탐험의 범주로 나누어 안내한다.

한국에 아이들 놀이와 놀이터를 국가 차원에서 논의해 온 기관이 없다는 것은 그동안 축적된 연구가 없다는 것을 말한다. 안타깝게도 아이와 놀이와 놀이터 연구가 매우 빈곤한 상태에서 '놀이터 붐'이 일고 있다. 이것은 부실로 이어질 수밖에 없다. 지금이라도 국가 차원의 놀이와 놀이터 정책을 연구하는 곳이 생겨야 한다. 이 의제를 자임하는 정치적 집단도 나타나야 한다. 전라북도 교육청에서 지속적으로 펼치고 있는 '놀이밥 60+'가 눈에 띄는 정도이다. 놀이와 놀이터는 앞으로 한국 사회에서 30년 정도 지속적으로 관심을 쏟아야 할 육아정책의 중요한 주제가 될 것이라고 본다. 미국도 '국립어린이놀이연구소(The National Institute for Play)'가 있다. 늦었지만 우리도 이 부분에 대한 사회적 관심과 합의가 필요한 시점에 와 있다.

영국 Free Play Network에서 2008년 발행한 『Design for play: A guide to creating successful play spaces』 13쪽에는 좋은 놀이터가 갖추어야 할 몇 가지 요소가 안내되어 있다. 눈여겨봐야 할 것 같아 옮긴다. 아래 10가지 원칙은 10년 가까운 그들의 연구 결과에서 도출된 것이기 때문에 소중하다. 우리나라도 한 10년 정도 놀이터를 붙들고 고민하고 연구하고 뒹군 집단이나 연구기관이 있을 때 비로소 놀이터는 제자리를 찾을 것이라 본다. 우리는 걸음마 단계에 있다. 그러나 앞선 상황을 탓하느라고 시간을 보낼 필요는 없다. 지금 시작하면 된다.

놀이 공간을 성공적으로 디자인하기 위한 10가지 원칙

- 주변과 어울려야 한다.
- 아이들이 접근하기 쉬운 곳이어야 한다.
- 자연을 담아야 한다.
- 여러 놀이를 할 수 있어야 한다.
- 장애와 비장애 아이들이 모두 놀 수 있어야 한다.
- 지역 커뮤니티의 필요와 만나야 한다.
- 나이가 다른 아이들이 놀 수 있어야 한다.
- 아이들에게 위험과 도전을 경험할 기회를 주어야 한다.
- 꾸준히 유지와 보수가 되어야 한다.
- 아이들이 변화와 발전을 만날 수 있어야 한다.

서울시도 2015년 4월, 〈어린이 놀이터 함께 만들기 약속〉을 발표했다. 나도 자문위원으로 참여해서 몇 가지 의견을 냈고 서문을 썼다. 처음에는 〈어린이 놀이터 십계명〉을 만들려고 해서 '계명'이 걸맞지 않다고 했다. '계'라는 것은 지키고 금지하는 것인데 자유의 공간인 놀이터와 어울리지 않는다 했다. 그리고 가짓수가 너무 많고, 대상이 분명치 않다는 말을 했다. 무엇보다 선언은 중요치 않다고 했다. 선언이나 계명보다는 실제 놀이터가 그런 내용을 담아낼 수 있게 만들어지는 게 먼저이다. 선언과 계명은 거창한데 막상 놀이터에서 가능하지 않다면 아이와 부모를 속이는 일이기 때문이다. 그러나 빠질 수 없고 꼭 들어가야 할 첫 번째 것으로 나는 '아이들은 놀이터에 갈 수 있어야 합니다'를 끈기 있게 설득했다. 아이들이 놀이터에 갈 수 없다면, 놀이터는 쓸모없기 때문이다. 그러나 받아들여지지 않았다.

이 대목에서 놀이터를 오래 고민해 온 귄터의 이야기에 귀 기울일 필요가 있다. 그는 한국에 왔을 때, '좋은 놀이터에 있어야 할 것'과 '나쁜 놀이터에 있는 것'을 각각 6개씩 나누어 친절히 안내했다. 귄터의 이야기를 들으려고 많은 사람이 모였지만 그의 주장이 한국 어느 곳에서 싹이 트는지 알 수 없다. 외국에서 사람을 불러 눈만 높이려 하지 말고 우리 아이들 삶과 놀이터 속으로 과감히 무엇을 가져올 것인지 고민해야 한다. 한국에서 놀이터를 만드는 사람들과 만나 느끼는 아쉬움이 이런 것들이다. 귀담아들어야 할 내용을 이야기해도 그것은 이래서 안 되고 저래서 안 된다는 즉자적 반응이 배어 있다. 우리는 아이들이 더 나은 세상을 살 수 있도록 지금의 불편을 감수하고 바꾸고 상상해야 한다.

좋은 놀이터에 있어야 할 것

1. 분위기를 제공하고, 행복감을 주고, 머무르고 싶은 곳
2. 발견할 무엇이 있고, 숨어 있지만 찾는 사람은 찾을 수 있는 곳
3. 통제 가능하고, 인식 가능하고, 조절할 수 있는 위험이 허락되는 곳
4. 달라지는 기분, 흥미, 필요에 따라 변화의 가능성을 주는 곳
5. 바람, 시선, 소리를 막아 주는 곳
6. 특별히 금지하는 것이 없는 곳

나쁜 놀이터에 있는 것

1. 마장 마술 경기장 같은 장애물 통과 놀이터
2. 조경 장식으로 치장한 놀이터
3. 남은 자투리 공간을 사용한 놀이터
4. 특정 사람만이 이용할 수 있게 만들어진 놀이터
5. 공간이 적고, 선택할 게 없고, 같은 모양이고, 안전이 충분하지 않고, 친절하지 않은 놀이터
6. 지나치게 안전하고, 지나치게 보호 구역과 비슷하고, 지나치게 통제된 놀이터

권터의 말처럼 좋은 놀이터는 특별한 금지도 적어야 하지만, 특별한 제안이나 기대도 아이들 놀이를 방해할 수 있다. 나는 개인적으로 원칙과 선언과 계명이 없는 놀이터가 좋은 놀이터라고 생각한다. 그래도 하나만 말하라고 하면 나는 '위험(Risk)과 만나고 그것을 다룰 수 있는 놀이터'라 하고 싶다. 내가 생각하는 위험이 무엇인지 다른 장에서 자세히 이야기하겠다.

앞으로 새롭게 놀이터를 만들 때 실제로 놀이터를 설계하거나 시공하는 분들이 염두에 두었으면 하는 몇 가지 제언을 해 본다. 아이들이 좋아하는 놀이터와 부모나 놀이터 디자이너가 좋아하는 놀이터는 자주 어긋난다는 점을 잊지 말기 바란다.

놀이터에서 살펴보아야 할 7가지

- 그늘이 있는지?
- 언덕, 비탈, 골짜기, 동굴, 터널, 바위, 펌프가 있는지?
- 숨바꼭질할 수 있는지?
- 우리 문화의 정체성이 녹아 있는지?
- 놀이 기구 하나가 놀이터 주인행세를 하고 있지는 않은지?

- 유아 모래놀이터가 작게라도 반드시 있는지?
- 합성 플라스틱보다 자연 소재를 충분히 썼는지?

놀이터로 볼 수 없는 놀이터 3가지

- 땅의 기운이 올라올 수 없게 탄성 포장이나 매트로 바닥을 덮어 버린 '죽은 놀이터'
- 다른 놀이터를 베껴 오거나 기성 제품을 조립해 놓은 '영혼 없는 놀이터'
- 놀이터 이름만 생태적이고 내용은 모두 화학적 소재의 놀이 기구로 채워진 '거짓말 놀이터'

놀이터를 가꾸는 사람들

한쪽에서는 놀이터 거품이라고 할 정도로 놀이터 건설이 과열될 징후가 여럿 보이지만, 다른 한쪽에서는 오랫동안 자기 사는 곳에서 차분하게 놀이터를 가꾸는 모임도 여럿 있다. 아이들이 놀아야 한다는 주장과 실천을 척박한 한국 상황에서 여러 해 묵묵히 밀고 나간 이들의 노력은 헌신이라고 할 정도이다. 이런 풀뿌리 놀이터를 어떻게 우리 사회가 본질을 훼손하지 않으면서 품어 안을 수 있느냐가 큰 과제이다. 자기 형편에 맞게 십시일반 시간과 비용을 마련해 자발적인 동기에서 시작한 자생적 풀뿌리 놀이터 운동이 행여 지원과 보조의 그늘 아래 묶여 무력화되는 일은 경계해야 한다. 시민운동의 흐름을 보았을 때 지원과 보조가 독으로 작용하는 경우는 생각보다 흔하다. 안정을 택하면서 보수화하는 경향이 숱하게 많기 때문이다. 이 부분이 여러 해 풀뿌리 놀이터활동가들과 놀이운동을 해 온 나의 걱정이다.

산별아

사당동에 있는 놀이터이다. 산별아는 '산에 가면 별처럼 빛나는 아이들이 있다'를 줄인 말이다. 이곳에는 평범한 동네 놀이터가 하나 있고 그 뒤로 쭉 올라가면 까치산이라는 조그

ⓒ 산별아.

114　　　　　　　　　　　　　　　　　　　　　　　　　　　　　　　　　　　　　　　PART 3

만 산이 있다. 2012년부터 산별아는 아이들을 동네 놀이터에서 만나는 일을 꾸준히 해 왔다. 두 내외분이 다른 부모들과 함께 알뜰히 놀이터를 챙겨 왔다는 점이 다른 놀이터 주체와 다르다. 추우면 놀이터 벤치에 비닐을 치고 뽑기를 만들어 먹고, 비 오는 날엔 그림책을 읽으면서, 늘 놀던 놀이터에서 작은 마을 축제까지 열었다. 바깥 분은 귀농학교, 풀무학교를 거쳐 홍성에 귀농까지 하셨던 경험이 있다. 산별아의 진지함은 이런 것에서 나오는 것 같다. 두 분뿐 아니라 함께하는 다른 부모들 또한 적극적으로 함께했음은 물론이다.

산별아의 출발은 '어린이책시민연대'에 뿌리를 두고 있다. 어린이 책을 함께 읽다가 놀이터를 떠올리는 차례를 밟지 않았을까 한다. 그렇게 아이도 함께 키워야 하지 않겠느냐는 생각을 하던 중, 서울시에서 하는 '부모커뮤니티' 사업을 알게 되어 꾸준히 이어오고 있다. 서로가 필요할 때 잘 만난 경우이다. 현재는 16가정 정도가 어울린다고 하니 도시 속 작은 놀이 공동체로서 손색이 없는 규모이다. 부모커뮤니티 사업이 아주 큰 예산을 지원해 주는 것은 아니지만, 동네에서 자칫 무자격자로 보일 수 있는 아이들과의 동행을 시에서 보듬어 든든한 울타리가 되어 주었으니 잘된 일이다. 이렇게 둘 다 준비가 되어 있을 때의 지원은 빛이 난다.

산별아는 작년 말 새롭고 뜻깊은 일을 하나 해 냈다. 언뜻 보기에 벅차 보이는 일을 용기를 내어 맡고, 예산을 준 곳이 정말 고마워해야 할 정도의 민주적 과정을 밟아 빛나는 작은 놀이터 하나를 만들어 냈다. 이 놀이터는 민간이 주체가 되어 만든 놀이터로 매우 의미 깊다. 산별아가 아이들과 늘 오르던 동네 뒷산 까치산 입구에 작은 터가 있는데, 사람들이 오며 가며 버린 쓰레기로 몸살을 앓고 있었다. 이곳을 산별아가 '비밀의 정원'으로 바꾸는 일을 맡은 것이다. 나도 만들기 전에 산별아 두 내외와 함께 산에 올라가 비밀의 정원이 들어설 자리를 둘러보았다. 쓰레기도 치우고 사이사이 나무나 관목들의 얼굴을 알아볼 수 있을 정도로 조금은 정리가 된 상태였다. 두 내외분도 말했지만, 어느 날 갑자기 작은 공원 하나를 만드는 일에 본인들이 뛰어들었다는 것을 나중에 깨닫고 마음이 덜컹 내려앉았다고 했다.

비밀의 정원이 들어설 곳을 함께 돌면서 제안을 하나 했다. 큰 아이들은 산에 올라가기가 쉽지만, 영유아 아이들과 함께하는 부모들은 좀 어려울 수 있으니 비밀의 정원 안에 아담한 모래놀이터가 꼭 있었으면 좋겠다는 제안이었다. 산에 오르지 못한 영유아들과 함께 부모가 앉아 시간을 보낼 수 있었으면 해서였다. 그런데 모래가 걱정이었다. 산도 가까우니 짐승들이 모래 가까이까지 오지 않겠느냐는 것이었다. 그래서 우산처럼 폈다 접었다 할 수 있는 모래 울타리를 만들면 좋겠다는 제안을 했다. 나중에 보니, 내 제안대로 비밀의 정원에 모래놀이터도 만들고 울타리 역할을 하는 그물도 동네 기술 있는 분에게 부탁을 해 완성했다. 비밀의 정원은 아이들이 함께 그린 그림들이 설계자에게 전달되고, 또 그것이 반영되는 좋은 사례였다. 산별아 놀이터 2호인 상도동 태양어린이 놀이터, 3호인 사당동 극동아파트 놀이터에 이어, 2015년에는 산별아의 걸음이 어디로 향할지 자못 궁금하고 설렌다. 비밀의 정원이 궁금하신 분은 유튜브(https://www.youtube.com/watch?v=arltgBCiCR4)를 참고하시라.

기존 공원

바뀐 공원

ⓒ 산별아.

와글와글 놀이터

와글와글 놀이터는 체계나 집중도 그리고 연속성을 고려할 때 한국 사회에서 출현이 가능하지 않은 놀이터 실험을 한 집단이다. 그들이 여기까지 오는 데 얼마나 많은 마음고생을 했을지 헤아리기 어렵다. 이제는 와글와글 놀이터를 품어 주고 어깨를 토닥여 줄 때가 되었는데 아직도 풍찬노숙인 것 같아 마음이 무겁다. 오가며 와글와글 놀이터를 거들면서 쓴소리도 가끔 했다. 와글와글 놀이터는 한국의 놀이터 생태계 속에서 훌륭한 자산이기 때문이다. 와글와글 놀이터가 세상에 던진 격문은 '놀이터가 시끄러워야 세상이 평화롭다'이다. 이 메시지를 내부에서 도출해 내는 데 많은 고민을 하고 시간도 오래 걸렸으리라. 이들의 격문은 놀이터에 아이들이 오지 않는다는 것을 은유적으로 보여 준다.

2014년 와글와글 놀이터는 바쁜 한 해를 보냈다. 펼쳐놓은 학교 운동장 놀이터를 꾸려 가는 일도 해야 했고, 서울시와 함께했던 '공원놀이 100'의 한 부분을 맡아 구로구·성동구·은평구·성북구에 놀이워크숍을 열어 놀이활동가 250여 명을 교육했다. 객관적으로 볼 때 무리한 일로 보였지만 시절이 준 과제를 뿌리치지 않고 감내해 가는 모습이 좋았다. 나 또한 작년에 와글와글 놀이터가 하라는 대로 참여했다. 그들이 자신의 한계를 넘어 애쓰고 있는 것을 알았기 때문이었다.

그리고 '함께 만드는 우리 동네 어린이놀이터 정책토론'에 나와 서울시에 '아동 청소년 놀이 지원 센터'를 제안했다. 나 또한 국가 차원의 놀이 지원 기구가 있어야 한다고 기회가 있을 때마다 말해 왔던 터라, 만약 작게라도 시작해 준다면 반가운 일이 될 것이다. 만들어진다면 놀이운동이 할 걸음 나아가는 계기가 될 것이다. 'Community Play Center' 정도의 개념을 잡고 가면 어떨까 한다. OECD 국가 가운데 이와 비슷한 센터가 있는 나라는 여럿이다.

이런 담론은 '와글와글 놀이터'의 성실하고 지속적인 놀이터 운동과 정직함에서 나온다고 생각한다. 이 집단이 한국에서 놀이 담론을 만들어 가는 데 앞으로 지속적인 역할을 해 주기를 바라는 마음이다. 기존에 해 오던 여러 와글와글 놀이터를 가꾸는 일도 앞으로 다른 놀이터를 만드는 일만큼 중요하다는 말을 해 주고 싶다. 앞으로 또 얼마나 재미있는 와글와글 놀이터로 꾸려갈지 궁금하다. 다시 부탁하고 싶다. 어렵게 물꼬를 튼 학교 안 놀이터를 가꾸는 것이 학교 밖 놀이터를 가꾸는 것보다 백 배는 소중하다는 것을.

상주 다놀자

경북 상주 시내에 있는 '심토재'라는 오래된 한옥 마당 앞에서 놀이터를 펼치는 자생적 모임이다. 대부분의 일이 서울과 수도권 중심으로 수렴되는 상황에서 특히 반가운 모임이다. 지역 문제를 지역에서 고민하고 대안을 마련하려는 모임이 더 생겨야 한다. 이 모임은 장기적으로 상주의 아이들 놀이터를 어떻게 가꿀 것인지도 고민하고 있는 것으로 안다. 심토재를 만든 분이 마당을 기꺼이 아이들의 놀이터로 내주었고, 이곳이 시내와 가까워 아이들과 부모들이 접근하기 쉽다는 장점 또한 크다. 이 모임은 천천히 협동조합으로 옮겨 가고 있는 중이다. 오가면서 '상주 다놀자'에 함께하는 어른들이 아이들을 보는 관점이 참 튼튼하다고 느꼈다. 또한, 백운초등학교라는 작은 학교와도 긴밀하게 지내면서 아이들을 학교와 부모와 공동체가 함께 돌봐야 한다는 생각이 자리 잡아가는 것 같아 미덥다. 상주 다놀자가 스스로 소개한 글을 옮겨 온다.

> 다놀자는요. 다놀자 협동조합입니다. 다놀자는 지역의 자연, 역사, 농촌공동체의 감수성 등 지역문화를 담고 있습니다. 게다가 아이들은 놀이가 밥이라고 합니다. 어려서 시간 가는 줄 모르고 동무들과 골목에서 마음껏 뛰어놀았던 아이들은 어른이 되어서도 어울려 살아갈 줄 압니다. 그러나 지금 우리 아이들은 학업 스트레스 속에서 컴퓨터와 스마트폰 게임에 빠져 저 혼자 외로운 섬처럼 지내고 있지요. 아이들은 놀이를 통해 타고난 끼를 누리며 저마다 잘하는 것이 다름을 알고, 서로 다른 아이들이 어울려 사는 것이 조화롭고 자연스러운 일임을 배워 갑니다. 다놀자는 아이들의 몸과 마음이 건강하게 자라도록 공동체적인 놀이문화를 접할 수 있게끔 놀이터와 놀거리를 내놓으려 합니다. 다놀자는 놀이와 배움과 나눔이 함께할 놀이터를 만들어 상주지역의 아이들, 부모

ⓒ상주 다놀자.

놀이터 가꾸기 119

님, 어르신들과 늘 반갑게 만나고 싶습니다. '놀이'로 더불어 사는 즐거움을 경험하면서 공동체 안에서 사람들이 제 할 도리를 하며 함께 살아가는 마을을 이루는 데 밑거름이 되고 싶습니다.

대전 무지개놀이밥

우리 모임 이름 뜻은? 일곱 가지 색깔처럼 개성 있는 다양한 엄마와 아이들이 모여서 함께 어울려 노니, 놀이가 밥이요, 힘이 된다는 의미이다. 요즘 아이들은 놀 시간이 없고, 학원으로 가야만 친구가 있다는 사실이 안타까워, 그러면 사교육을 되도록 줄이고 놀 시간을 많이 만들어 주자, 놀면서 배우는 게 더 많다는 확신을 하고 그 확신이 흔들리지 않게 부모교육도 하고 더불어 살 수 있는 아파트를 만들어 보고자 만든 모임이다. 회원은 엄마 13명, 아이들 30명(3살~초등 6학년) 정도이다. 무지개놀이밥은 '신나게 노는 아이, 배우는 부모, 더불어 사는 세상'을 꿈꾼다.

무지개놀이밥은 부모의 삶이 아이들에게는 교육이라고 생각한다. 부모가 얼마나 가치 있고 의미 있게 사느냐가 중요하다. 그래서 우리는 마을을, 아파트를 선택했다. 관계와 신뢰, 배움이 살아 있는 마을을 꿈꾼다. 세상은 시간이 돈이고 금이라고 하지만 우리는 사람과, 관계가 소중하다고 생각한다. 사람을 먼저 생각하고 이 모임이 끝나더라도 사람은 남는 그런 모임이 되고 싶다. 일상의 소중함, 가치를 생각하는 사람이 되고 싶다.

ⓒ 대전 무지개놀이밥.

남원 놀아라

저희 모임은 같은 어린이집을 다니는 부모들의 가족들이 자연스럽게 만나 놀며 공부하며 생긴 모임입니다. 2013년 1월에 몇몇 부모들이 '행복한 아이들을 위한 부모 준비 모임'이라는 이름을 어쩌다 보니 짓게 되었고 평소 가까이 지내던 20명 정도의 엄마, 아빠를 당사자들에게 상의(?)도 없이 정식 회원으로 구성하여 지금까지 별 무리 없이 가족끼리 원만하게 재밌게 지내다 작년 언제부턴가 모임 정식 이름을 '놀아라'(놀고 싶은 아이 모여라)로 바꾸었습니다.

저희 모임은 그냥 아이들, 나이가 비슷한 친한 부모끼리 내 아이 친구 만들어 주자는 단순한 뜻으로 어떤 구속도 없이 자유롭게 만나고 놀고 가끔 부모 공부도 하는 비영리 비공식 모임입니다. 저희 모임은 우리 아이들과 주변 아이들에게 친구라는 생태, 그리고 자연이라는 놀이 공간과 시간을 제공해 주기 위해 평일엔 친구 집에 아이들을 풀어 놓고 주말이면 가까운 산과 강, 들에 어린아이들을 그냥 풀어 놓고 있으며 나이가 만 열

ⓒ 남원 놀아라.

살이 될 때까지는 우리 아이들을 그냥 고삐 풀린 망아지처럼 놀게 하자는 마음을 단단히 먹고 실천하려고 하는 지리산 남원 춘향골 모임입니다.

놀이터소위원회

지난해, 놀이터에 관한 폭넓은 이야기를 여러 층위에 있는 사람들이 모여 논의한 곳이다. 나 또한 참여하고 싶다고 부탁해 몇 차례 함께했고 따로 강연도 한 차례 했다. 작년에 이어 올해도 놀이터에 꾸준히 관심을 둘 것이라 본다. 놀이터소위원회는 서울시 마을공동체종합지원센터 안에서 놀이터를 좀 더 깊이 고민해 보자는 뜻으로 모인 것 같다. 내가 이 모임에 몇 번 참여하면서 느낀 것은 요즘 흔히 하는 말로 놀이터가 한 흐름을 형성하는구나였다. 반가운 일이다. 나도 이 모임에서 도움을 받았고 함께할 일이 있기를 바란다. 또한, 권터를 2014년 5월 23일 초청해 '공유자적 2 -놀이의 가능성'을 열어 놀이터 논의의 대중적 확산에도 이바지했다. 놀이터소위원회가 지속하기를 바란다. 서울에서 떨어져 사는 나로서는 마음의 응원을 보내는 일밖에 할 수 없어 안타깝다.

김해기적의도서관 기적의 놀이터

'기적'이라니! 또 '기적의 놀이터'라니! 오늘 아이들에게 기적이란 무엇일까. 아이들이 놀 수 있다면 그게 기적이다. 아빠, 엄마들이 어려서 동무들과 누렸던 한가한 시간과 널찍한 공

터, 이런 것들을 오늘 아이들은 도무지 만나기 어려운 기적이 되었다. 아이들이 도서관 앞마당에 놀려고 모여든다는 것 자체가 기적이다. 아이들이 놀도록 엄마, 아빠들이 놀이터를 가꾸었으니 그것 또한 대단한 기적이다.

엄마·아빠들이 김해기적의도서관에서 한 달에 한두 번 일요일 오후 2시에 아이들과 함께 모여 3년 동안 놀이터를 열었다. 사회가 아이들에게 놀 수 있는 시간을 주지 않고 놀 공간과 동무를 만날 수 있도록 돕지 않고 오히려 훼방하니, 엄마·아빠와 도서관이 나선 셈이다. 놀이는 아이들에게 부모가 허가하는 것이 아니라, 노는 것이 바로 너희 때 해야 할 유일한 일이라고 북돋아 주는 어른들이 되어 갔다. 3년 동안 함께 했던 용기 있는 부모들에게 박수를 보낸다. 아이들은 잘 놀았고 아이들을 사이에 두고 어른들끼리는 참 많이도 친해졌다. 김해에서 아이들과 놀 때 즐거웠고 안동으로 돌아오면서 행복했다. 그런 엄마, 아빠들이 3년째 '김해 기적의 놀이터'를 스스로 꾸리고 있다. 그래서 기적이다.

드디어 지역에 뿌리를 내린 '커뮤니티' 하나가 온전히 만들어진 셈이다.

우리나라에서 이처럼 공공도서관이 거들어 놀이터를 가꾼 예는 쉽게 찾을 수 없다. 도서관을 짓고 놀이터를 만드는 것이 중요한 것이 아니라 어떻게 도서관이나 놀이터라는 공공의 건축물을 시민이 더욱 아름답고 건강하게 쓸 수 있을까 하는 상상력이 필요하다. 이것이 시민과 공공의 영역이 만나야 하는 접점이다. 우리는 '기적의 놀이터'를 하면서 상상하던 일을 몸으로 만날 수 있었다. 공공 도서관과 공공 도서관 앞마당을 진정 아이들의 공간으로 바꾸어 낼 수 있구나 하는 상상 말이다. 이 상상력이 놀다 보면 집에 가고 싶지 않은 놀이터를 짓는 일로 이어지길 바란다.

'기적의 놀이터'는 함께했던 아이들과 엄마, 아빠와 휴일에 늘 나와 궂은 일을 웃으며 했던 김해기적의도서관 김기혜·배명숙 계장님과 김은엽·박현주 사서님 그리고 김진욱 공익님의 알뜰한 돌봄이 있어 가능했다. 감사드린다. 왜 우리가 했던 것이 기적의 놀이터였을까? 행정과 시민이 한데 어우러져 '시민행정'이라는 틀 안에서 우리 시대 아이들에게 너무나 절박한 놀이터를 만들어 주었기 때문에 이것이 두 번째 기적이다. 세 번째 기적은 무엇인가. 학습과 경쟁과 상품으로 내몰리는 아이들이 기적의 도서관 앞마당에 나와 숨을 돌리는 모습을 부모들이 눈으로 목격할 수 있어 기적이었다.

그 기적의 놀이터 속에서 아이들은 몸으로 시를 썼다. 그래서 또한 기적이다. 이 짧은 글은 그러니까 '기적 타령'이다. 그러나 세상에 무슨 기적이 있겠는가. 그런 걸 바라고 사는 것은 허황한 것을 꿈꾸는 것에 지나지 않는 일이다. 그러나 어쩌겠는가. 아이들이 놀지를 못해 대한민국 아이들이 자랄수록 시들어만 가니 이제 진정 기적이 필요하다. 기적 타령은 여기까지다. 왜냐하면, 기적은 곧 현실이 될 것이기 때문이다. 적어도 김해기적의도서관에서는 이미 현실이 되었다. 아이들이 놀 수 있도록 도와주면 부모는 생명의 기운이 가득한

놀이터 가꾸기

아이를 만나는 기적을 볼 것이다. 세상의 부모들이여 '기적의 놀이터'를 함께 만들고 그곳에서 우리도 놀자. 어디 돈 내고 아이들 놀리는 곳 가지 말고 말이다. 돈 들여 노는 놀이는 다 가짜놀이다. 돈을 들이지 않고도 아이들이 잘 놀 수 있어 '기적의 놀이터'이다. 올해 순천기적의도서관에서 두 번째 기적의 놀이터가 이어지고 있다.

이 밖에도

익산참여연대 어린이공동체놀이학교, 천안 와글와글놀이터, 금천구의 산아래문화학교, 보듬다듬, 장한가족들, 숲동이네 놀이터, 안산 일동마을 놀이터, 강당초등학교 놀이터 등등 아이들과 놀이를 고민하는 단체나 모임이 여럿이다. 그런데 이 많은 놀이터 커뮤니티들이 맞닥뜨린 공통적인 고민이 있다. 바로 아이들과 놀 공간이 마땅치 않다는 것이다. 놀이터 논의의 출발은 여기서 시작해야 한다. 무엇보다도 놀이터가 아이들이 놀기에 알맞은 공간으로 구성되어야 한다는 것이다. 이런 훌륭한 커뮤니티들이 아이들과 놀 공간이 없어서 동가식서가숙 떠도는 일은 없어야 한다.

앞서 소개한 여러 놀이터활동가들 이야기를 들어 보면 심지어는 시끄럽게 논다고 공원에서 쫓겨나기도 하고 신고를 당하는 경우도 있다. 학교 운동장도 빌려 쓰기가 쉽지 않은 것이 사실이다. **빌려서 노는 놀이터가 아니라 내 집 앞마당처럼 마음 편하게 아이들과 놀 수 있는 장소, 그곳이 우리가 바라는 놀이터의 모습이다.** 이런 놀이터를 만들자는 말이다. 다시 말해 **시설 위주의 놀이터가 아니라 아이들 놀이 중심의 놀이터가 우리는 필요하다.** 이러한 현실적 필요가 놀이터 설계의 첫 번째 화두가 되길 소망한다.

도서관에 앉아 놀이터를 꿈꾸다

정기용

햇볕 좋은 2012년 어느 일요일, 나는 김해기적의도서관에 앉아 있었다. 돌아가신 정기용 선생의 마지막 작품으로 알려진 곳이다. 정기용과 겹쳐 떠오른 사람이 한 분 더 있었다. 네덜란드의 건축가 '알도 반 아이크'이다. 이때 어떻게 이 두 사람이 겹쳐 내게 왔는지는 설명하지 못하겠다. 분명한 것은 이 두 사람이 내게 '기적의 놀이터'라는 화두를 던졌다는 것이다. 정기용은 '기적'을, 알도 반 아이크는 '놀이터'를 건넸다. 그렇게 기적과 놀이터가 하나로 이어지면서 나는 한국의 6만 개 놀이터를 기적의 놀이터로 바꿀 꿈을 꾸기 시작했다. 한국의 아이와 놀이와 놀이터에 기적이 일어나지 않고는 아이들 삶이 나아질 수 없다. 조금은 가볍지만 '기적'이라는 말을 놀이터에 붙여 쓰는 까닭이다.

정기용 선생은 돌아가시면서 그간 해 왔던 작업을 책으로 고스란히 남겼다. 그가 도서관을 사랑하고 깊이 이해한 인문주의자라는 것은 이렇게 증명된다. 나는 그 책들을 들고 놀이터 공부를 했다. 그런데 이상하지 않은가. 정기용은 놀이터를 만든 적이 없는데 그의 책을 읽으면서 놀이터 공부를 한다는 것⋯⋯. 아니다. 만약 놀이터를 짓고 싶은 사람이나 모임이나 단체나 지자체나 회사나 기업이나 기관이 있다면 그 출발을 한국에서는 정기용으로부터 시작하는 것이 마땅하다. 왜냐하면, 그는 한국에서 처음으로 그것도 아이들을 생각한 건축가였다. 공공 건축이 어떻게 아이들 삶을 바꾸어낼 수 있는지 고민한 첫 사람이라는 뜻이다.

더욱 중요한 것은 그가 설계한 많은 기적의 도서관에 가서 내가 느끼는 첫 번째 느낌은 놀이터에 온 것 같은 자유이다. 아닌 게 아니라 정기용은 실제로 도서관을 아이들의 놀이터처럼 만들려고 했다. 이에 관해서는 기적의 도서관 만드는 일에 함께했던 도정일 선생의 글을 보면 짐작할 수 있다. 정기용과 도정일은 어찌 보면 아이들 놀이터를 만들려고 했는지 모른다.

> 자유로운 상상과 엉뚱한 몽상이 아니라면 무엇이 아이들을 키울 것인가? 무엇이 그들의 창의력과 호기심과 탐구의 능력을 키울 것인가? 기적의 도서관에는 그래서 다락이 있고 토굴이 있고 여기저기 숨는 공간들이 있다. 그 공간에서 아이들은 숨 돌리며 상상과 공상과 몽상에 잠기고 저희들끼리 놀 시간을 얻는다. **자유로운 상상과 놀이의 시간을 철저히 빼앗기고 있는 지금 이 땅의 아이들에게** 그런 자유의 시간, 숨 돌릴 시간, 몽상할 시간을 되찾아 주는 일보다 더 중요한 일은 없다.*

정기용은 실제로 어린이 도서관을 처음으로 만들었고 그곳을 아이들의 책 놀이터로 만들어 냈다. 정기용이 만든 도서관에 들어설 때 느끼는 자유의 냄새는 바로 그런 그의 철학에서 나온 것이리라. 어린이를 위한 공공건축물에 관해 한국 사회에서 앞서 고민한 사람이 있고 그를 본 적도 있고 그가 남긴 책도 있어 다행이었다. 내가 김해기적의도서관에 앉아 기적의 놀이터를 꿈꿨던 것은 이런 맥락에서였다. 기적의 놀이터 이해를 위해 기적의 도서관에 좀 더 다가설 필요가 있다. 왜 어린이 전용 도서관인 기적의 도서관이 당장 필요한지에 대해 도정일은 이렇게 썼다.

이 모든 새로운 핵심부에는 세 가지 기본적인 의도와 정신이 있다. 아이들을 잘 키우는

* 정기용, 『기적의 도서관』, 현실문화, 2010, 11쪽.

책임과 육아의 경비는 온 사회가 분담해야 한다는 것. 어린이 도서관은 아이들 성장에 절대적으로 필요한 사회 기본 시설이며 우리 사회는 그런 도서관의 설립과 운영에 마땅히 투자해야 한다는 것. 어린이 도서관은 지역 주민들의 삶의 질을 높이고 지역 공동체를 일구는 풀뿌리 운동의 중심부라는 것.*

내가 여러 해 생각했던 제대로 만들어진 공공 놀이터가 세상에 있어야 하는 까닭이 여기 그대로 적혀 있다. 나는 책읽는사회문화재단 이경근 선생에게 전화를 걸어 도정일 선생을 만나야겠다고 했다. 그렇게 도정일, 안찬수, 이경근 선생을 만나 '기적의 놀이터'를 해야겠는데 이름과 가치를 쓸 수 있도록 해 달라고 했고, 두말없는 허락을 그 자리에서 받았다. 그리고 조금씩 기적의 놀이터 작업을 해 오고 있다. '기적의 놀이터' 1호가 2015년 선선한 가을쯤 순천에 만들어질 것이다. 아마도 놀이 기구가 없는 첫 번째 놀이터가 될 것이다.

알도 반 아이크

기적의 놀이터 기본 출발 배경은 이렇다. 새로운 사회적 어린이 놀이터, 공유 어린이 놀이터가 필요하다. 우리 아이들에게 이런 놀이터가 있어야 하는데 공공의 놀이터 건축주가 없어 그 놀이터를 '기적의 놀이터'라 이름 짓고 어린이, 시민, 관과 함께 거버넌스 형태로 만들어 가자는 취지이다. 나는 기적의 놀이터를 이렇게 정의 내린다.

> 기적의 놀이터는
> 아이들이 몸으로 시를 쓰고
> 몸짓으로 그림을 그리며
> 마음껏 뛰노는 너른 마당이다.

그리고 앞에서 이야기했던 알도 반 아이크의 나라 네덜란드 로테르담의 놀이터 선언을

---

* 앞의 책, 12쪽.

떠올렸다.

> If you design places that work well for children,
> they seem to work well for everyone else.
> 아이를 위한 공간을 만든다는 것은 모두를 위한 공간을 만드는 것과 같다.
> - Rotterdam: how to build a Child Friendly City -

https://reciclajeurbanoensanlucar.wordpress.com/2010/01/

https://circarq.wordpress.com/2014/01/15/aldo-van-eyck/
Aldo Van Eyck Parque de juego de Dijkstraat. Amsterdam. 1954.
- 네덜란드 암스테르담 놀이터의 변화 모습(알도 반 아이크 작업)

놀이터의 공공성에 대해 이렇게 짧게 잘 정리된 말이 없다. 어떻게 로테르담은 이런 선언을 할 수 있었을까. 나는 암스테르담에서 오랫동안 놀이터 만들기를 해 온 알도 반 아이크를 떠올리지 않을 수 없었다. 그의 영향이 컸다는 생각을 어렵지 않게 상상할 수 있었다. 또한, 기막힌 일치를 경험했다. 네덜란드가 어떤 나라인가. 『호모루덴스, *Homo Ludens*』를 쓴 요한 하위징아(Johan Huizinga, 1872~1945)의 나라가 아니던가. 하위징아의 위대함은 '놀이하는 인간'과는 가장 멀리 돌아선 '야만적인 인간'과 '야만적인 시간'의 한복판에서 놀이에 천착한 데 있다.

어쩌면 하위징아가 살았던 시대는 아이들과 놀이를 가장 멀리 떨어뜨려 놓으려는 지금과 너무 닮았다. 알도 반 아이크의 작업은 당연히 하위징아에게 영향 받았다. 그러나 『호모루덴스』는 하위징아가 살아 있을 때 평가받지 못했고 그는 나치에 잡혀 죽음을 맞았다. 놀이와 놀이터 공부 길이 꽃길이 아님을 나는 안다. 이렇게 세상에 없는 정기용·알도 반 아이크·하위징아까지 이어지며 놀이터 공부에 맥이 잡히고, 책으로만 보던 귄터를 작년에 직접 만나 놀이터 디자이너 공부로 이어진 것은 내게 복이었다. 사랑은 어긋나도 친구는 만난다는.

네덜란드의 세계적인 건축가 알도 반 아이크는 전후 폐허가 된 도시재생의 출발로 1947년에서 1978년까지 암스테르담의 734개의 어린이 놀이터를 재건하는 데 열정을 쏟았다. 이를 통해 아이들이 살아나고 암스테르담이라는 도시가 세계적인 건축

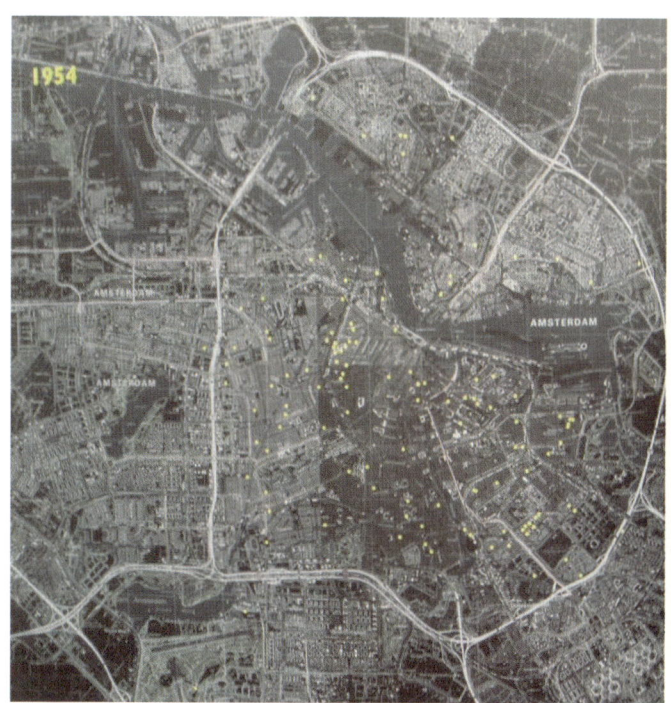 

http://www.visual-art-research.com/2010/04/van-eyck-designs/

암스테르담 놀이터 수가 늘어나다.

도시로 회생했다. 그뿐만 아니라 암스테르담은 세계 어린이 운동사에 길이 남을 어린이가 당사자가 되어 자신들의 놀 공간을 삼켜버린 달리거나 주차된 차와 싸우는 투쟁이 1972년에 있었던 곳이다. 도시 자동차 증가의 가장 큰 피해자는 아이들과 그들의 놀이와 놀이터였다. 권정생이 일찍이 간파하였듯이 전쟁의 원인은 석유였고, 아이들 놀이가 이렇듯 참담한 지경에 놓인 까닭은 자동차 때문이다. 이걸 깨우치는 데 오랜 시간이 걸렸으니 나 또한 한없이 어리석다. 이 이야기는 다큐멘터리 『Namens de kinderen van de Pijp』에 고스란히 담겨 있다. 암스테르담은 놀이터를 바꿔 한 도시 전체 이미지를 바꾼 대표적 사례이다. 어떻게 바꿨는지 사진을 보면 왜 암스테르담이 건축 도시가 될 수밖에 없는지 알 수 있다.

기적의 놀이터*

* '참여 디자인'과 '커뮤니티 디자인'이라는 말이 일반화되고 있고 관련된 책도 널리 읽히고 있다. 'Community Playground' 개념도 이 둘에 크게 빚졌다.

기적의 놀이터 디자인과 설계 철학으로 나는 '커뮤니티 놀이터'를 생각했다. 일반적인 시설 중심의 놀이터에서 커뮤니티 중심의 놀이터로의 전환을 상상했다. 놀이터를 짓는 것보다 이용과 관리가 순조롭게 어울려 지속하는 것이 핵심이기 때문이다. 커뮤니티 놀이터는, 쉽게 말해 시민과 아이들이 놀이터 디자인에 참여하고 그렇게 놀이터가 만들어지면 그 놀이터를 이용·유지·관리하는 것까지를 커뮤니티가 맡는 놀이터 개념이다. 요즘 한창 이야기되고 있는 도시재생과 거버넌스 관점과도 통하는 놀이터이다. 나는 이 대목에서 형식적인 거버넌스를 경계한다. 말로만 협치를 부르짖고 끝나는 경우를 자주 보았기 때문이다.

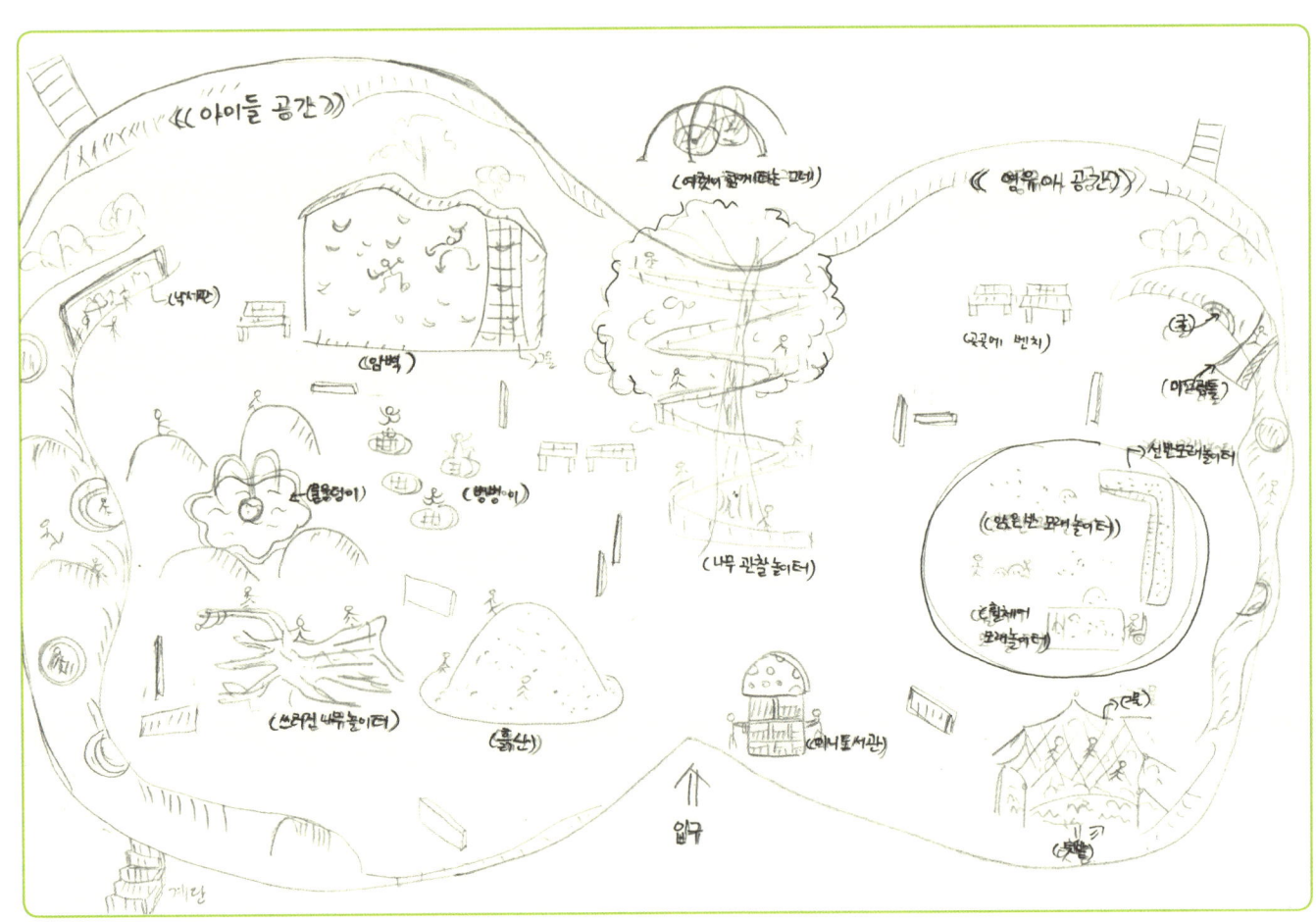

순천시 기적의 도서관 앞 공원을 아내와 함께 우리가 생각하는 기적의 놀이터로 어떻게 바꿀 수 있을까 그려 보기도 했고, 가까운 디자이너에게 부탁해 좀 더 또렷이 그려 보기도 했고, 기용건축 김병욱 소장과 함께 좀 더 나아간 그림을 그려 보기도 했다. 참 지금 생각해도 우리 내외가 건축가도 조경가도 아닌데 이런 그림을 막 그려 보고 함께 고민하자고 덤볐던 것이 신기하고 가상하다. 이런 것이 놀이터 상상력이 아닌가 한다. 지금 이 책을 읽고 있는 분 가운데 놀이터를 고민하는 분이 있다면, 이렇게 그냥 먼저 꿈꾸는 놀이터를 그려 보는 일로 시작하면 된다. 두려워할 일이 아니다. 이렇게 밑그림이 쌓이면, 건축가든 조경가든 만나 구체화하면 되는 것이다. 첫 번째로 만드는 기적의 놀이터 진행과정은 글로 옮기기 어려울 정도로 복잡다단한 여러 어려운 점과 맞닥뜨렸다. 정기용의 굴욕과 좌절을 앞서 공부하지 않았다면 그만뒀을지도 모른다. 놀이터를 바라보는 눈높이를 맞추는 데 서

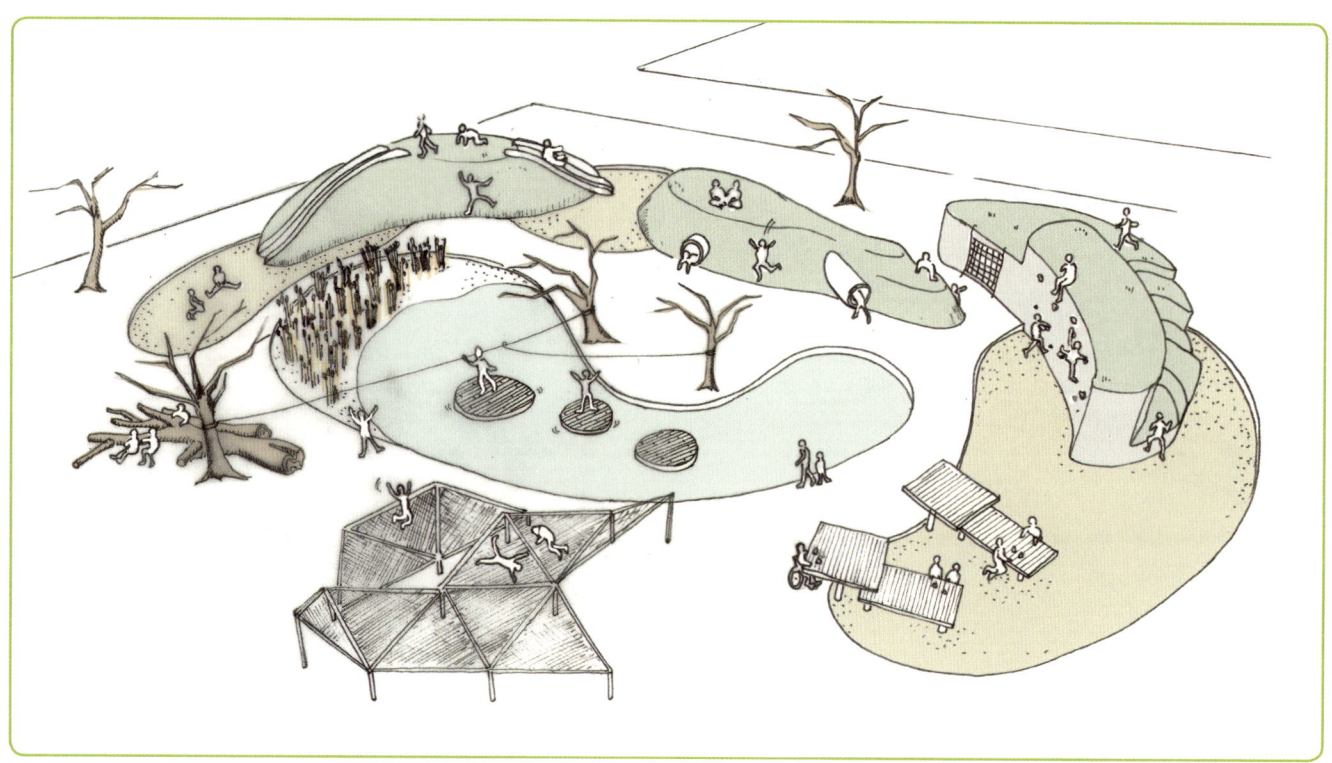

ⓒ 이준석.

로 진통이 있었다. 그러나 지금은 눈높이가 꽤 조정되어 원활한 의사소통이 가능한 상태이다. 시민과 시가 함께 어울려 20명이 넘는 TF를 꾸렸고 매달 모여 공유를 하고 있다. 천천히 쉬지 않고 웃으며 함께 가려고 한다. 시간이 흐를수록 시민이나 시 모두 놀이터가 남의 일이 아니라 우리 일이라는 확신이 생기고 있어 안동에서 먼 길이지만 즐겁게 오가고 있다. 나와 기용건축이 함께 콜라보레이션으로 놀이터 디자인을 하고 있다.

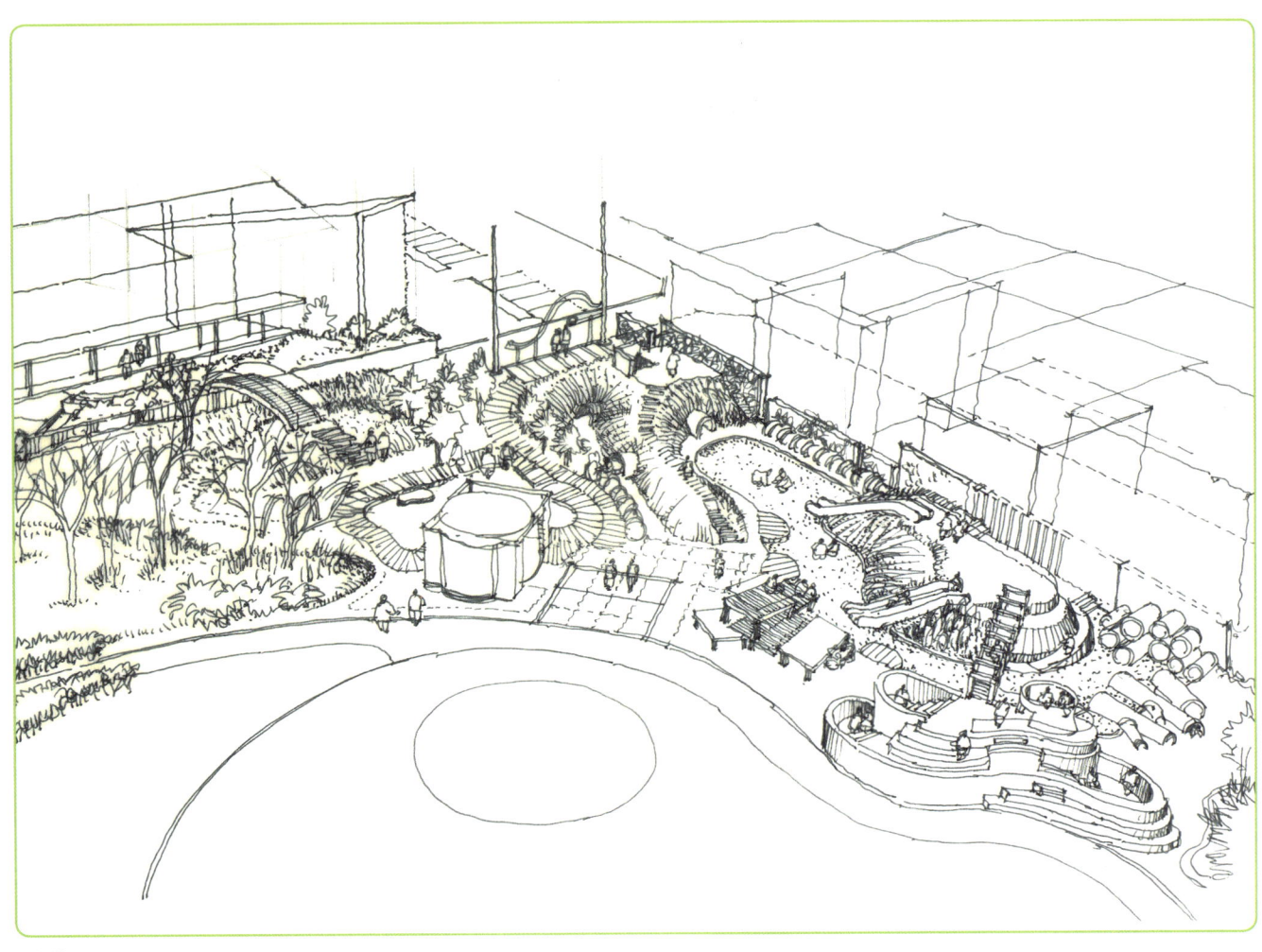

ⓒ김병욱.

순천시 기적의 놀이터 예정지 현재 모습

언덕에서 노는 아이들

ⓒ 김병욱.

놀이터 가꾸기

우리 집 놀이터

지금 살고 있는 곳으로 귀촌을 한 지 12년이 되었다. 총각이던 때에 먼저 들어와, 여기서 신접살림을 차렸고 딸도 낳고 아들도 낳아 살고 있다. 엄밀히 말해 생계형 귀촌이었다. 그 당시 내 형편으로는 여기밖에 깃들 곳이 없었다. 내가 사는 마을은 눈에 띄는 것이 없는 평범한 시골 마을이다. 어른들도 좋고 특히 할머니들 인심이 살아 있다. 시골

이 아이들 키우기 좋다고 말하려는 것이 아니다. 현재 시골은 한국 사회가 오래도록 젖혀둔 문제의 총합이라고 할 정도로 상처가 깊다. 아이들이 없고 아이들이 있어도 도시의 아이들 삶과 크게 다르지 않고 어떤 점은 더 열악하다. 학원 차가 들어오고 놀 것이 스마트폰과 컴퓨터밖에 없다. 대한민국에 자본의 자장이 미치지 않는 시간과 공간은 존재하지 않는다.

우리 마을이 남다른 점이 있다면 여느 시골 마을보다

아이들이 조금 더 있다는 점이다. 토요일인 어제도 일요일인 오늘도 딸은 아침나절에 나가 저녁때쯤 들어왔다. 동네 아이들 얼굴을 떠올리며 손가락을 꼽아 보니 열이 조금 안 된다. 아이들끼리 놀기에 모자람이 없는 숫자이다. 집들을 돌아가며 놀기도 하고 집과 집 사이 어딘가를 몰려다니며 논다. 마을에서 아이들을 키우는 부모들이 허용적인 편이고 동네 어른들이 오가며 돌봐서 그런지 아이들이 안정적이다. 연령대도 영유아와 초등이 섞여 있어 형, 누나, 오빠, 언니 하며 지낸다. 고마운 일이다.

그리고 동네에 시에서 만들어 놓은 놀이터도 하나 있다. 처음에 이 놀이터를 보고 이 구석진 시골에 어떻게 이런 놀이터를 만들었을까 싶었다. 그런데 우리 동네에는 아이들의

동네 아이들 만화방

특별한 사랑을 받는 놀이터가 따로 있다. 앞에서도 말했던 1세대 철공소 놀이 기구가 동네 교회 건너편 작은 공터에 건재하다. 이런 철공소 놀이 기구가 오늘도 성성하게 기능을 잃지 않고 아이들로부터 사랑받고 있어, 보고 있으면 기분이 좋아진다. 이 놀이터에는 국보급 시소와 그네도 있는데 오래되었어도 매년 동네 분들이 페인트를 칠해 튼튼하다. 이런 것을 보면서 나는 놀이터의 안전과 관리가 커뮤니티에서 나오는 것임을 다시 한 번 본다.

어디든 올라가는 딸

다른 곳에서 우리 동네에 놀러 온 아이들도 길 건너 큰 놀이터보다 이 놀이터에서 놀

려고 동네 아이들과 신경전을 벌이는 것을 보면, 이 오래되고 좁은 놀이터에 분명히 매력이 있기 때문일 것이다. 동네 아이들과 외지의 아이들이 동네에 함께 와 있을 때는 정말 이 좁은 놀이터가 바글바글하다. 누가 처음에 만들었는지 모르지만, 정부의 공식적인 놀이터 통계에도 잡히지 않을 이 어설픈 놀이터를 나는 정말 사랑한다.

작년 초에 아내와 상의해서 흙으로 지은 바깥채를 동네 아이들 만화방으로 개방했다. 난방을 구들로 하는 곳이다. 간판도 없고 이름도 없는 만화방이다. 나무 일을 잘하는 사람 좋은 친구에게 사흘을 부탁해 책꽂이를 짜 넣었다. 이곳 또한 동네 아이들의 놀이터 가운데 하나이다. 집사람이 만화를 그려 더 잘 되었다. 겨울이면 불을 때고 배를 죽 깔고 누워 만화 보는 장면은 생각만 해도 기분 좋다. 놀이가 뭐 별것인가. 만화책을 옆에 쌓아 놓고 이리 뒹굴고 저리 뒹구는 것이 놀이다. 한가한 것, 늘어져 있는 것, 할 일이 딱히 없는 것, 심심한 것, 멍하니 있는 것, 이런 것이 놀이의 꽃이다. 아이들이 만화방에서 뒹굴면서 이 세계를 만나기 바라는 마음으로 조금씩 만화를 구해 채워 넣고 있다.

딸 놀이터에 대해 조금 이야기해 보련다. 뭐니 뭐니 해도 우리 딸은 올라가는 놀이를 좋아한다. 그리고 뛰어내리기와 미끄러지기 놀이를 이어서 한다. 얼마나 올라가는 걸 좋아하느냐면 동네 어른들한테 내가 혼날 정도이다. 기어코 다리 난간 바깥쪽으로 걷겠다고 해 동네 어른들 눈치를 본다. 또 새로 만든 길옆 옹벽을 암벽 등반하듯 오르는 것도 좋아한다. 결국, 동네 어른에게 아빠와 딸이 함께 꾸중을 들었고 요즘은 뒷산 나무 오르기로 옮겨가서 한시름 놓은 상태이다. 나무는 아이들 최초의 놀이 기구라고 할 수 있다. 개울 건너 산비탈에 끈을 묶어 주기도 했다. 오르고 싶은 딸의 놀이 본능이 어떤 놀이로 옮겨갈지 궁금

놀이터 가꾸기

하고 설렌다. 요즘은 자전거 보조 바퀴를 떼는가 싶더니 중심을 잡고 아슬아슬하게 동네 신작로를 미끄러져 가는 모습을 보며 내 심장을 쿵쾅거리게 하는 중이다. 최근에는 엄마 자전거 타는 재미까지 들였다.

우리 집에 이래저래 찾아오는 분들이 있다. 그리고 함께 오는 아이들이 있다. 내가 놀이공부를 한 20년 했으니 아이들과 함께 오시는 분들 가운데는 아이들과 내가 놀 거라 기대하고 오는 분들도 있다. 그런데 이 집에 십 년 넘게 살면서 여러 아이를 만났지만 그렇게 놀았던 기억은 몇 번 없다. 나는 아이들이 우리 집에 놀러 와도, 주로 내가 하는 일상적인 일을 그냥 한다. 옛날 집이라 불을 때야 한다. 그러니까 나무가 필요하다. 내가 집에서 하는 일 중에 꾸준히 하는 것이 아마 산에 가서 나무하는 일일 것이다. 아이들과 함께 산에 나무하러 간다. 그리고 지고 간 지게에 나무를 지고 내려온다. 그것을 본 아이들은 백이면 백 근처에 있는 자기가 끌고 내려올 수 있는 나무를 찾는다. 그리고 끌고 내려온다. 그간의 경험으로 미루어 봤을 때 나무 끌고 내려오기는 우리 집에서 아이들이 두 번째로 좋아하는 놀이였다. 아이들을 과소평가하지 마라. 아이들은 일을 좋아한다.

첫 번째로 좋아하는 놀이를 이야기하며 우리 집 놀이터 이야기를 마쳐야겠다. 열 반찬이 필요 없다는 말이 있다. 같은 식으로 말한다면 열 놀이가 필요 없는 놀이가 있다. 우리 집에 놀러 온 아이들한테 꼭 할 수 있도록 하는 놀이가 있으니 바로 '불놀이'다. 그리고 가끔 '물놀이'다. 아이들의 일상 속에서 하기 어렵고 금지되는 대표적 놀이가 불놀이다. 불놀이할 때 눈에 불이 켜지는 아이들을 본다. 라이터도 켜 보고 싶다면 켜 보라고 하고 나무에 불을 붙여 보고 싶다면 그렇게 하라고 한다. 그리고 검어진 나무 끝으로 흙벽에다 그림도 마음껏 그리라고 한다. 아이들이 돌아가면 집은 엉망이 된다. 아궁이와 마당을 치우며 '참, 꼴 좋네' 하며 속으로 웃는다. 나는 이 힘으로 사나 보

놀이터 가꾸기

다. 바람놀이도 좋다. 아, 참! 아이들이 우리 집에 와서 불놀이만큼 좋아하는 놀이가 하나 더 있다. 지금은 큰 개가 된 '산'이와 노는 것을 정말 좋아한다. 열 놀이 필요 없다. 아이들과 개가 만나면 놀이는 그걸로 끝이다. 개구리도 그렇다.

노는 아빠, 노는 아이

박보영 *

* 만화가

PART 4

놀이터 밖에서

베를린의 동네 놀이터를 찾아가다

뮌헨 잉골슈타트에서 귄터, 이리와 아쉬운 작별을 하고 우리 네 식구는 베를린 가는 기차에 올랐다. 플랫폼까지 네 식구를 배웅해 주는 모습은 여느 할아버지, 할머니였다. 남은 여행 잘하라는 말과 함께 베를린은 좀 다를 것이라 말했다. 여기보다는 사람들이 바쁘고 도시 느낌이 많이 날 거라 했다. 귄터와 이리에게 손을 흔들며 딸도 눈물을 훔쳤다. 나도 짠한 마음이 들어 고개를 돌렸다. 그는 스승이기를 거절했다. 그리고 스승보다 더 좋은 친구가 되어 주었고 그를 보면서 나도 놀이터를 가꾸는 사람들을 친구로 대하리라 마음 먹었다. 이렇게 귄터와 헤어졌다.

    귄터와 헤어지기 전날 밤에 귄터가 펴낸 놀이터 책을 한국에 가져 가서 출판할 수 있도록 부탁했다. 벌써 한국에서 제안이 왔다고 했다. 나와 인연이 있는 출판사는 큰 출판사는 아니라고 말했다. 그렇지만 아이들 놀이에 애정이 있는 곳이고 앞으로도 변치 않을 믿을 만한 출판사라 말씀을 드렸다. 잠깐 고민하시더니 자기도 가지고 있는 책이 몇 권 없다며 그 가운데 가장 최근에 출판한 책 한 권을 주며 책을 내보라고 했다. 선물이었다. 한국에 돌아와 앞서 말했던 출판사, 소나무에 건넸고, 그 뒤 출판사로부터 귄터와 정식으로 계약했다는 이야기를 들었고, 『놀이터 생각』이라는 제목으로 출간되었다. 내가 왜 귄터의 책이

한국에서 출판되어야 한다고 생각했는지 말하고 싶다.

앞에서도 이야기했지만, 대한민국에 놀이터 바람이 불기 때문이다. 이때 지침으로 삼을 수 있는 책이 꼭 있어야겠다는 생각을 했다. 독일 놀이터 이야기를 다룬 책이 우리 놀이터를 만드는 데 준거가 될 수는 없겠지만, 책이 출간되면 놀이터를 고민하는 사람들이 두루 볼 것이기 때문이다. 내가 공부한 바로는 어떤 곳에서 무슨 까닭으로 놀이터를 만들더라도 귄터는 반드시 통과해야 할 문이다. 놀이터 논의를 적어도 이 정도 하한선에서는 출발해 주어야 엉뚱한 놀이터를 만들지 않을 수 있다. 앞서 만든 놀이터에 오류가 있고 실수가 있다면, 왜 그랬는지를 성찰해 보는 게 필요하다. 이런 살핌 없이 짓겠다는 욕망에만 이끌려 놀이터를 만들면, 그것은 놀이터가 아니라 놀이시설이 될 것이다.

베를린에 도착했다. 이주민들이 많은 베를린 변두리에 짐을 풀고 가 보려고 했던 놀이터를 차례로 다녔다. 딸내미는 놀이터마다 달려가 놀았다. 아무 설명도 없고 안내해 주는 사람이 없어도 딸은 놀이터와 놀이 기구와 친해졌다. 며칠 뒤에는 이런 말도 했다. "아빠, 노는 것도 힘드네." 피곤하기도 했을 터이다. 신기한 것은 평소에는 시골집을 깔끔하게 청소하는 데 열심인 아내가 베를린 놀이터 바닥에 갓난아기를 퍽퍽 내려놓는 것이었다. 놀이터 모래가 개나 고양이 배설물로 오염이 돼 있다며 아이를 데리고 놀이터를 가더라도 아이가 모랫바닥에 주저앉으려고 하면 질겁하는 대한민국을 생각하면 한숨이 나온다. 언제부터 우리가 그렇게 위생이라는 것을 신경 썼는지 모르겠지만, 이것이야말로 구더기 무서워 장 못 담그는 전형적인 예라고 할 수 있다.

유럽은 우리보다 개를 많이 키우고 있고 돌아다니기도 많이 돌아다닌다. 그런데 베를린의 젊은 부부들이 놀이터에 와서 아무리 갓난아이라 할지라도 안고 있는 모습을 거의 보지 못했다. 아이를 밖에 데리고 나와 안고 있으려면 엄마나 아빠는 얼마나 힘이 드나. 깔끔한 아내도 놀이터만 만나면 아이를 바닥에 퍽퍽 내려놓았다. 그랬더니 막내는 자기가 길 수 있는 만큼 움직이고 만질 수 있는 것들을 만지며 마음껏 놀았다. 부모는 아이 옷이 더럽혀지고 손발에 흙이 묻는 것을 싫어하지만, 아이들이 밖에만 나가면 이런 행동을 한다는 것은 누가 뭐래도 이와 같은 행위가 아이 자신에게는 매우 절박함을 말해 준다. 그렇게 자기 힘껏 놀다가 숙소로 가면 잠을 푹 잤다. 그러니 우리가 놀이터에서 본 유럽 스타일은 '아이 땅에 내려놓기'였다. 엄마도 좋고 아이도 좋았다.

베를린 놀이터를 둘러본 이야기는 사진을 보면서 이야기하겠다. 베를린 놀이터는 대부분 공공 놀이터이다. 그 가운데 몇몇 곳은 꽤 잘 만들어 세계적인 놀이터를 소개한 책에 표지 장식을 한 놀이터도 있다. 아래 놀이터이다. 우리가 머무는 곳 가까이 있는 동네 놀이

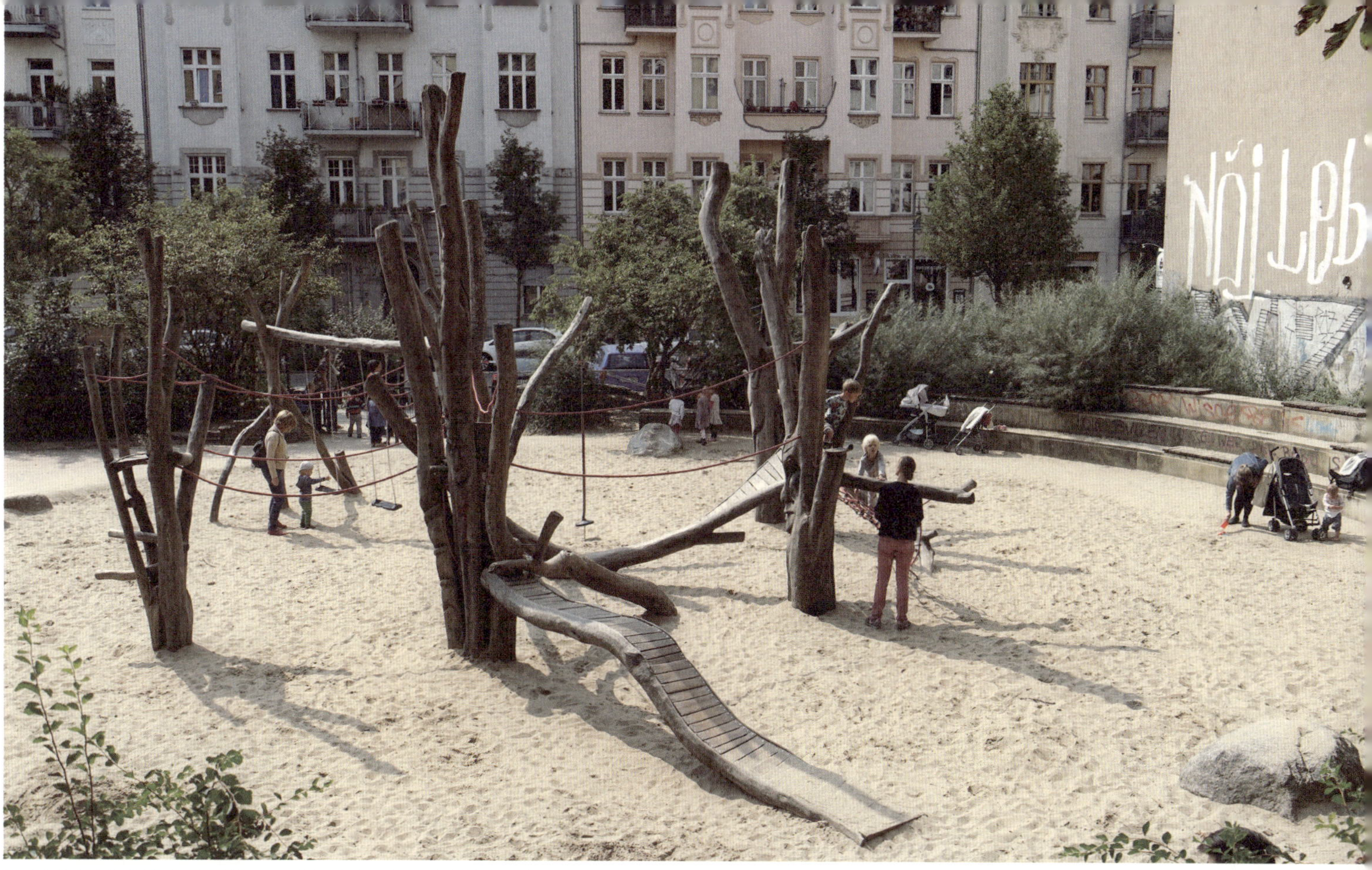

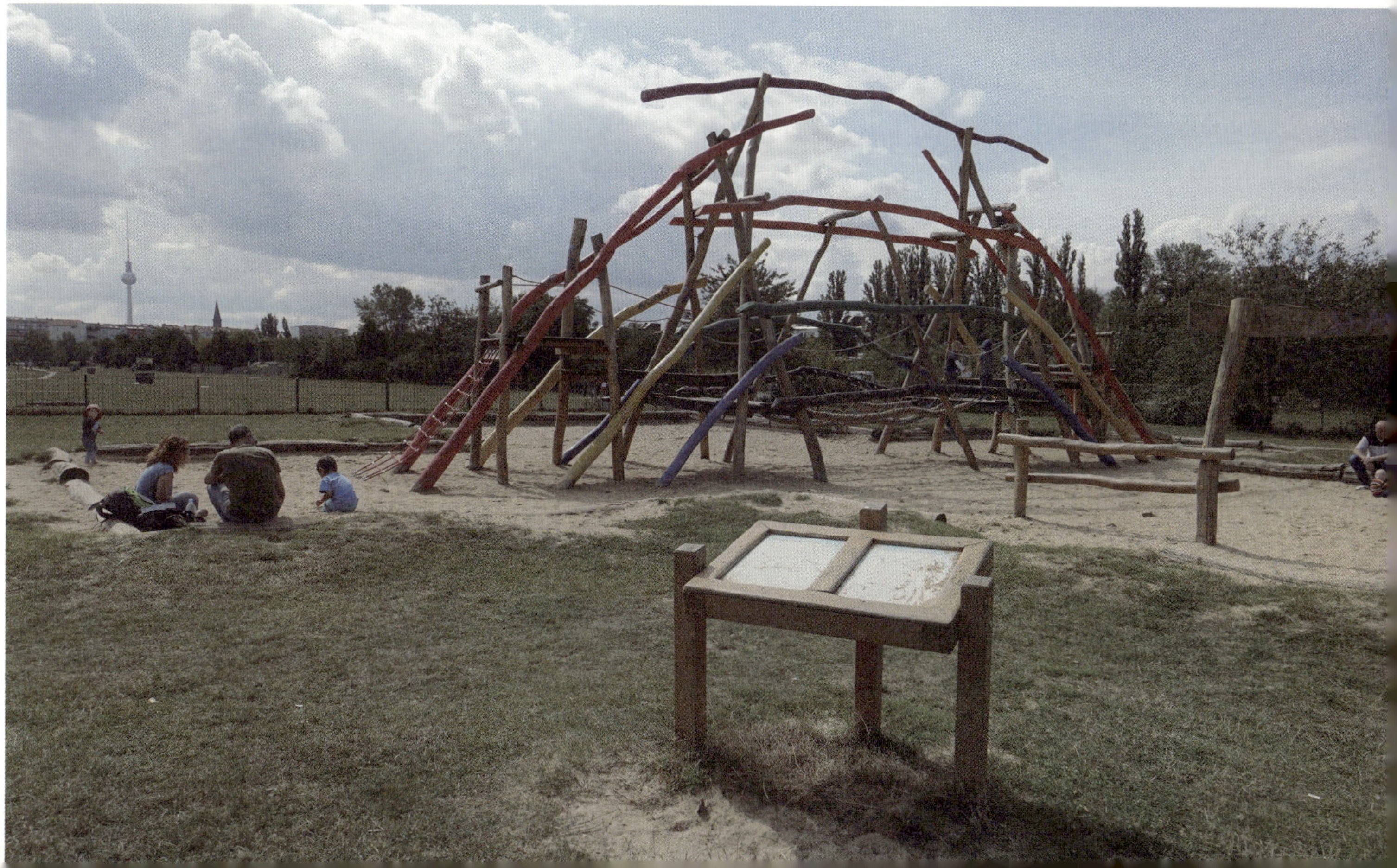

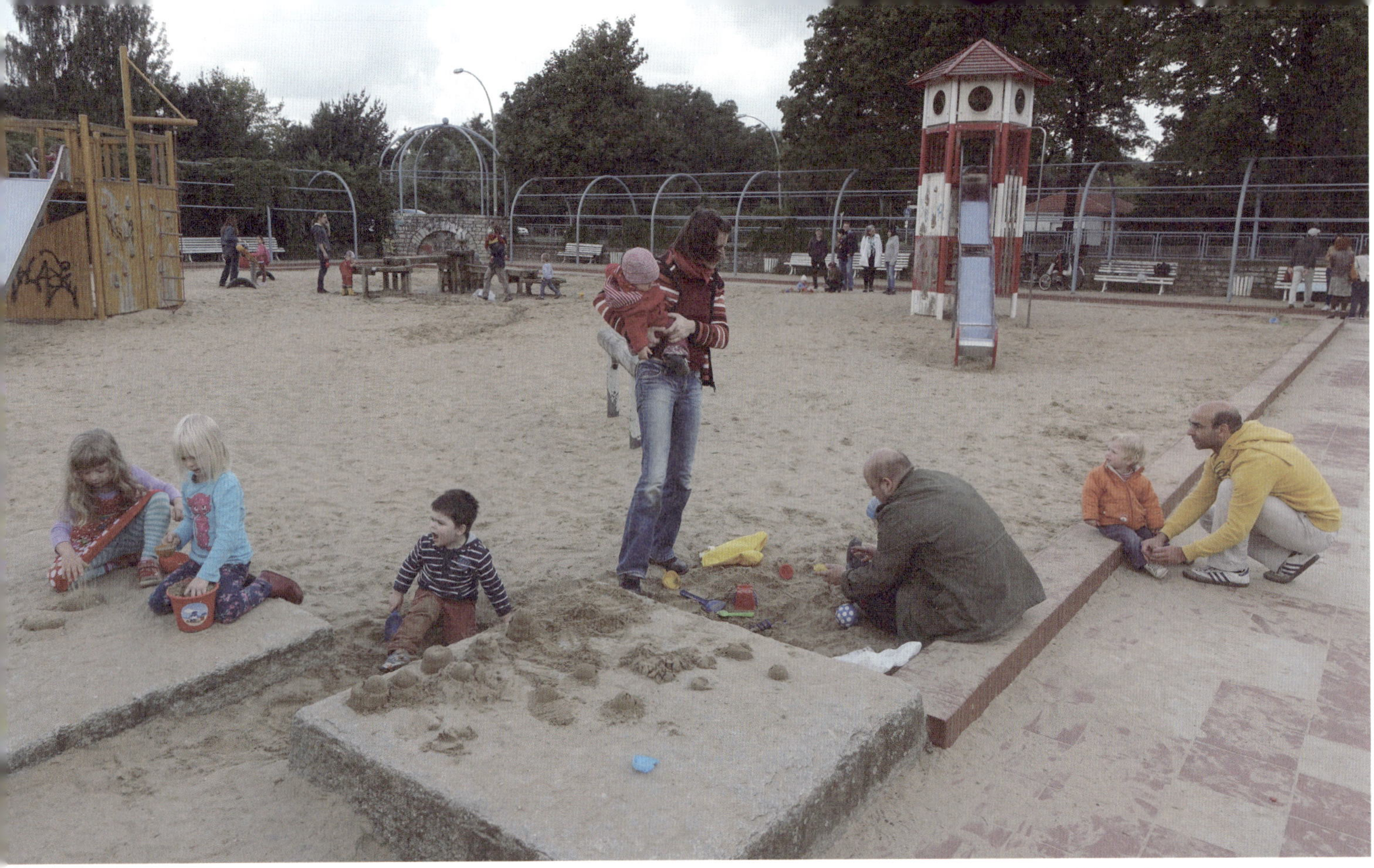

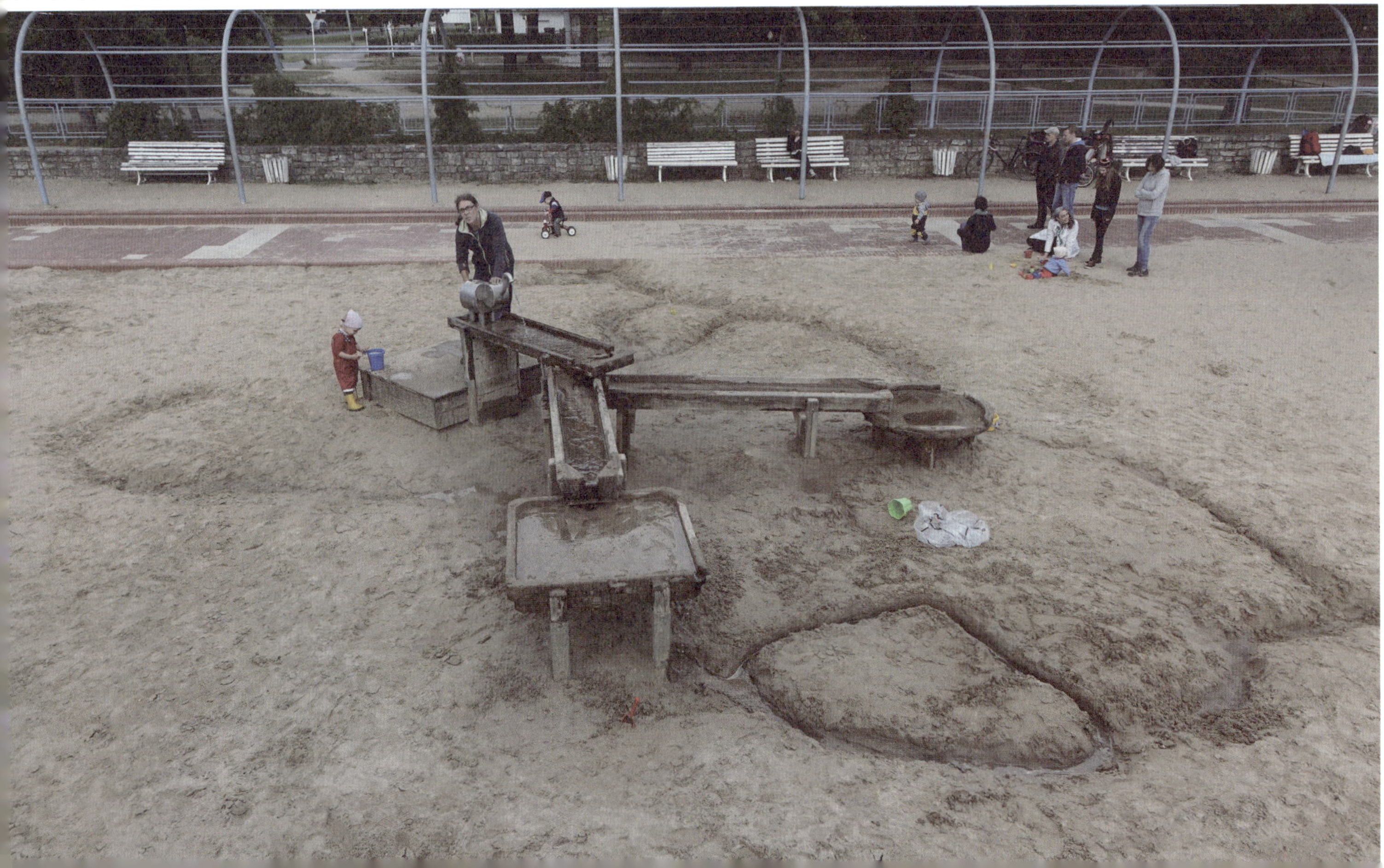

터에서부터 전철을 타고 버스를 타고 가야 만날 수 있는 놀이터까지 두루 둘러보았다.

둘러보면서 첫 번째로 느낀 것은 '다양성'이었다. 우리나라처럼 하나의 포맷으로 결정된 것을 비슷비슷하게 모방한 놀이터를 찾기는 쉽지 않았다. 두 번째로 느낀 것은 아이들이 놀이터에 실제로 많이 와서 컴컴하도록 논다는 점이었다. 세 번째는 놀이터 재질 가운데 나무가 압도적으로 많았다. 그것도 제재하지 않은 자연 그대로의 굽은 나무를 쓴 것이 남달랐다. 마지막으로 아빠들이 놀이터에 많이 보인다는 점이다. 이런 모습은 덴마크 코펜하겐에서도 흔하게 볼 수 있었다. 북유럽에서는 이런 아빠를 '라떼 파포르(Latte-pappor)'로 부른다고 한다.

한 손에는 라떼를, 다른 한 손으로는 아이를 돌보는 아빠들이 그만큼 많다는 말이다. 길게 이야기할 수 없지만, 북유럽 아이 돌봄의 철학은 확고한 '양성 평등'에 있다. 놀이터가 시설과 기구만의 문제는 아닌 것이다. 저녁에 아빠가 아이를 놀이터에 데리고 나와 놀 여유가 없을진대 놀이터만 잘 만들어 놓은들 무슨 소용이 닿겠는가. 위 사진은 우리가 묵었던 게스트 하우스 바로 앞 놀이터이다. 보통 동네의 놀이터라고 보면 된다. 눈에 띄는 것은 아이들이 천막을 치고 소꿉놀이를 한 흔적이 있었다. 이런 자연스러운 놀이터 모습은 앞서 다녔던 아시아와 중동에서나 볼 수 있다고 생각했는데 유럽에서 맞닥뜨려 조금 놀랐다. 왜냐하면 여기 아이들도 내가 그동안 만났던 아시아와 중동의 아이들처럼 너무나 잘 놀았기 때문이다.

다시 가고 싶은 베를린 놀이터 다섯 곳

유아 모래놀이터

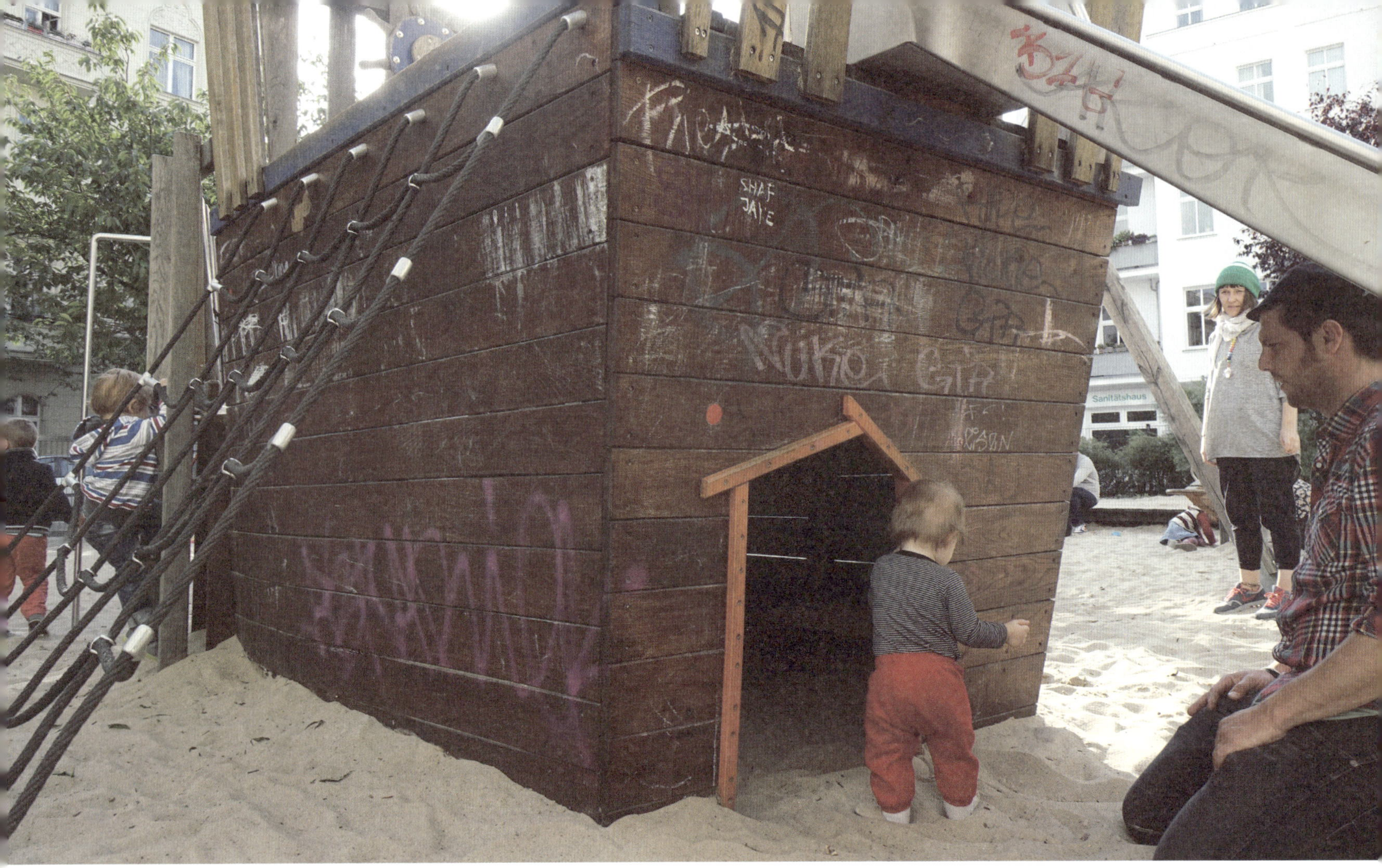

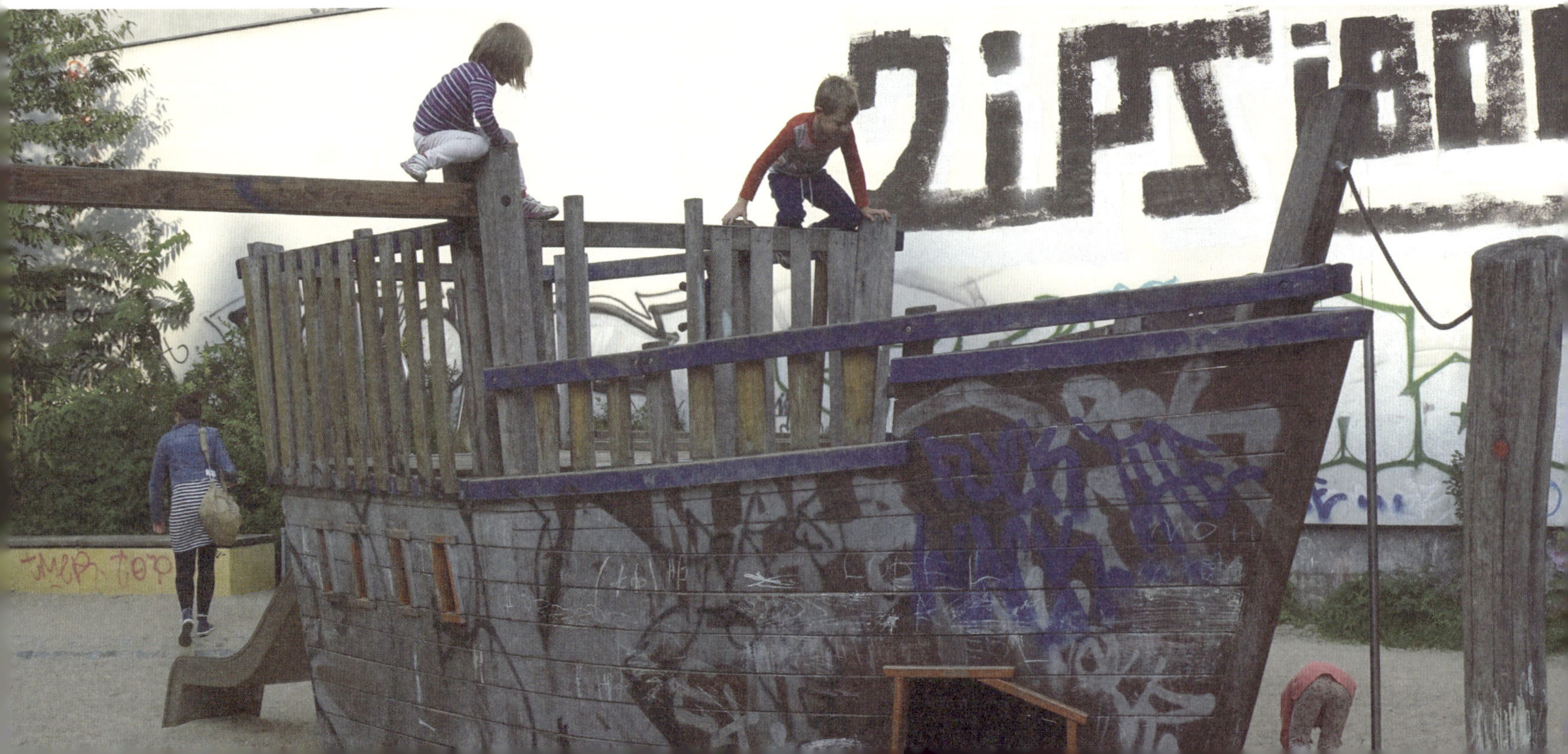

끊어질 듯 이어지는 놀이터 (The Dream Playground)

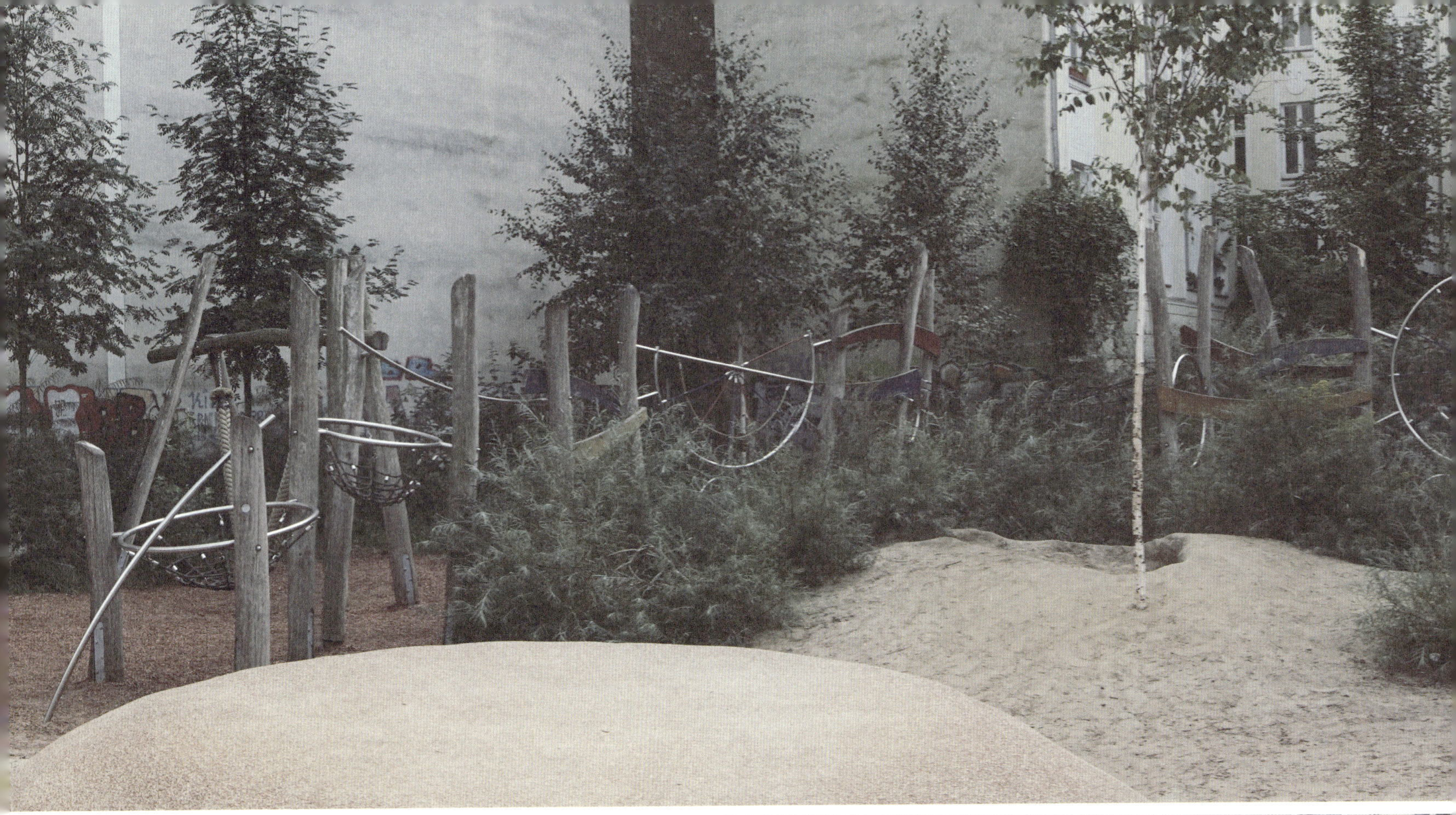

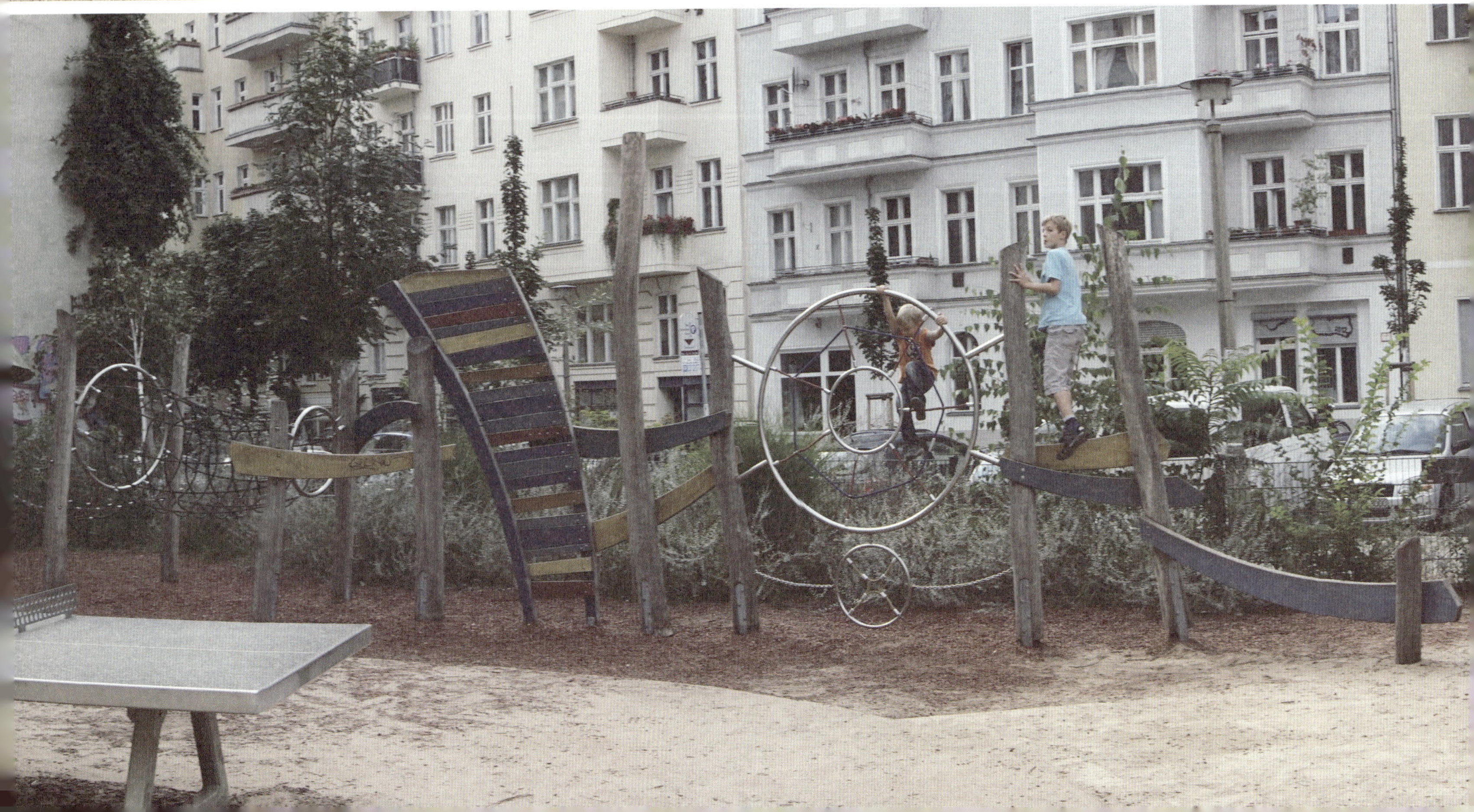

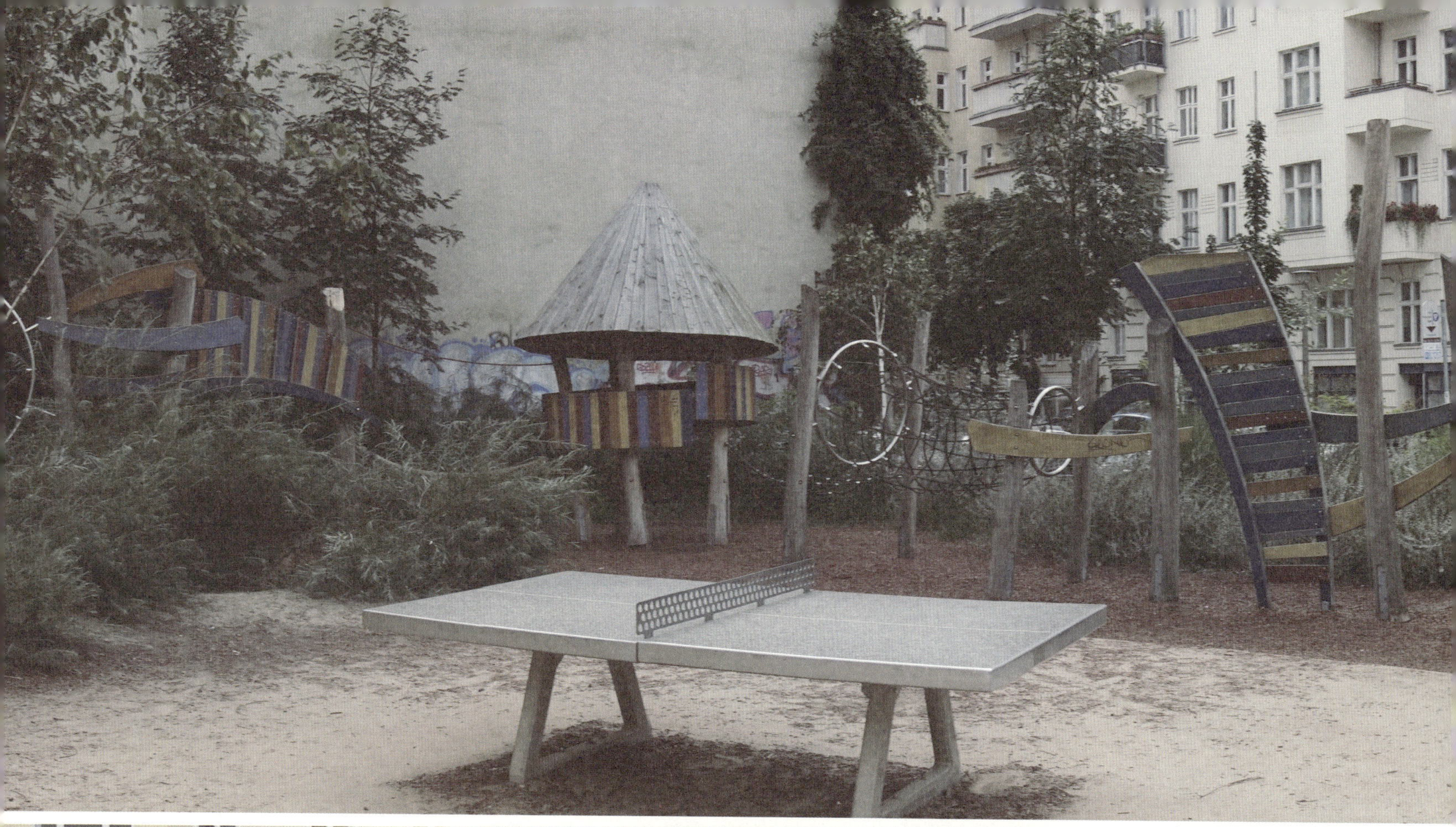

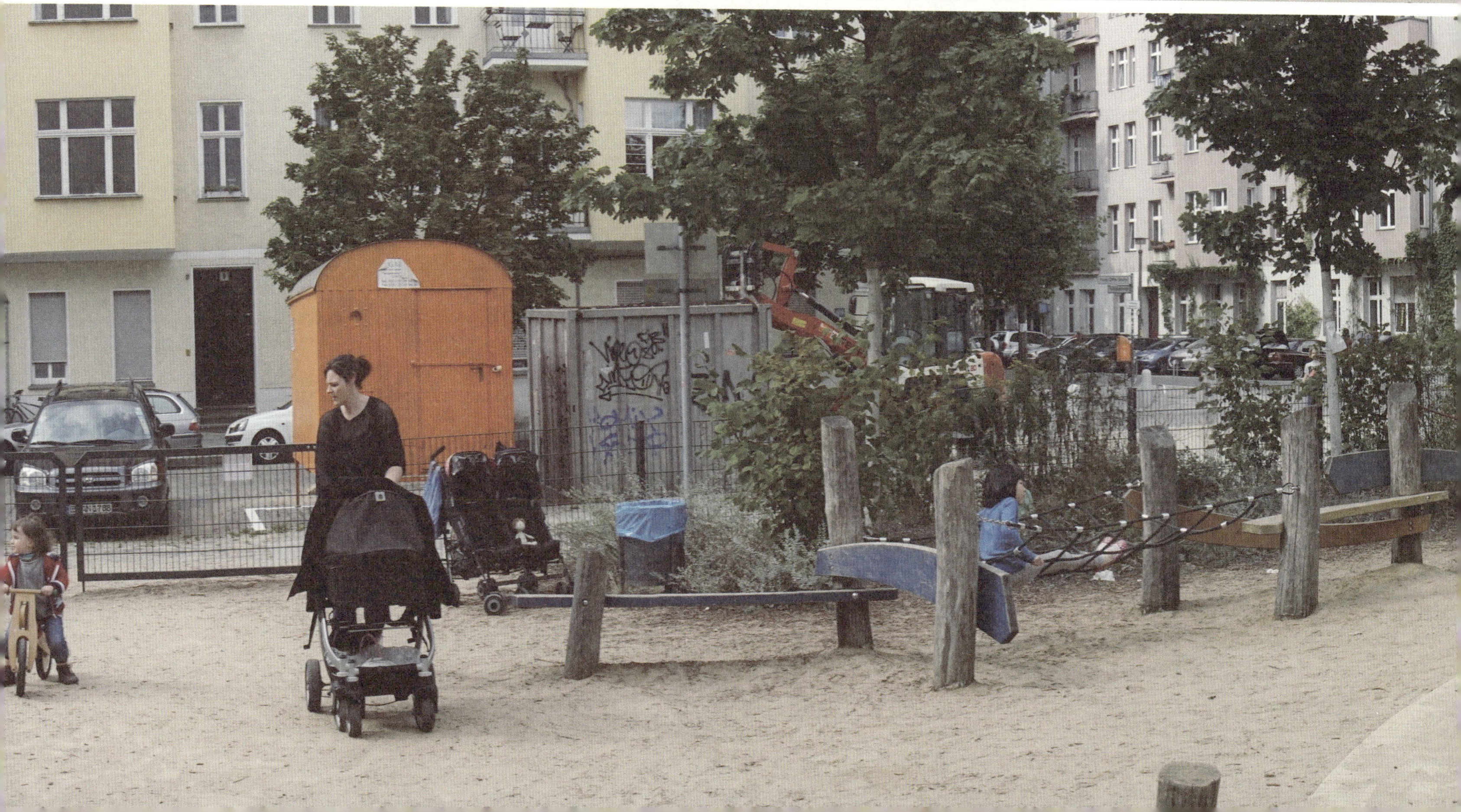

용 이야기가 살아 있는 놀이터(Dragon Playground)

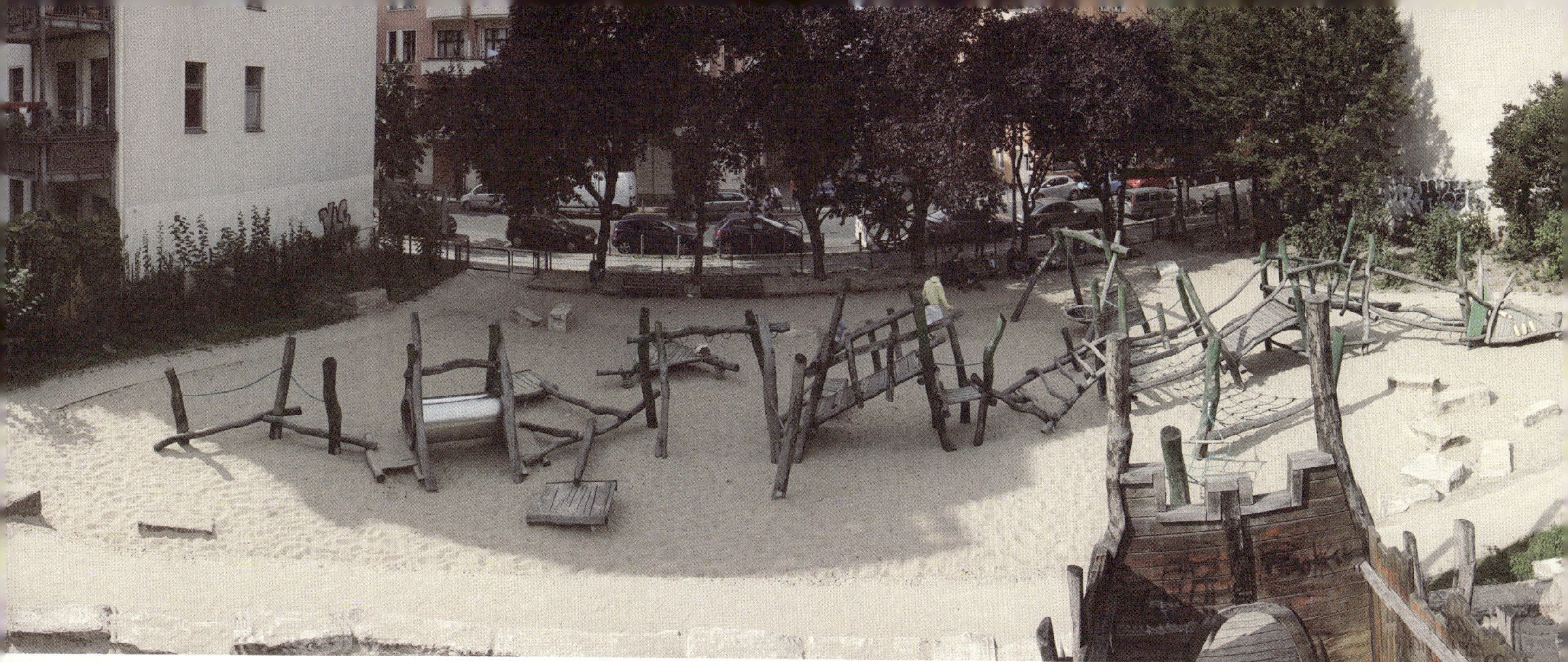

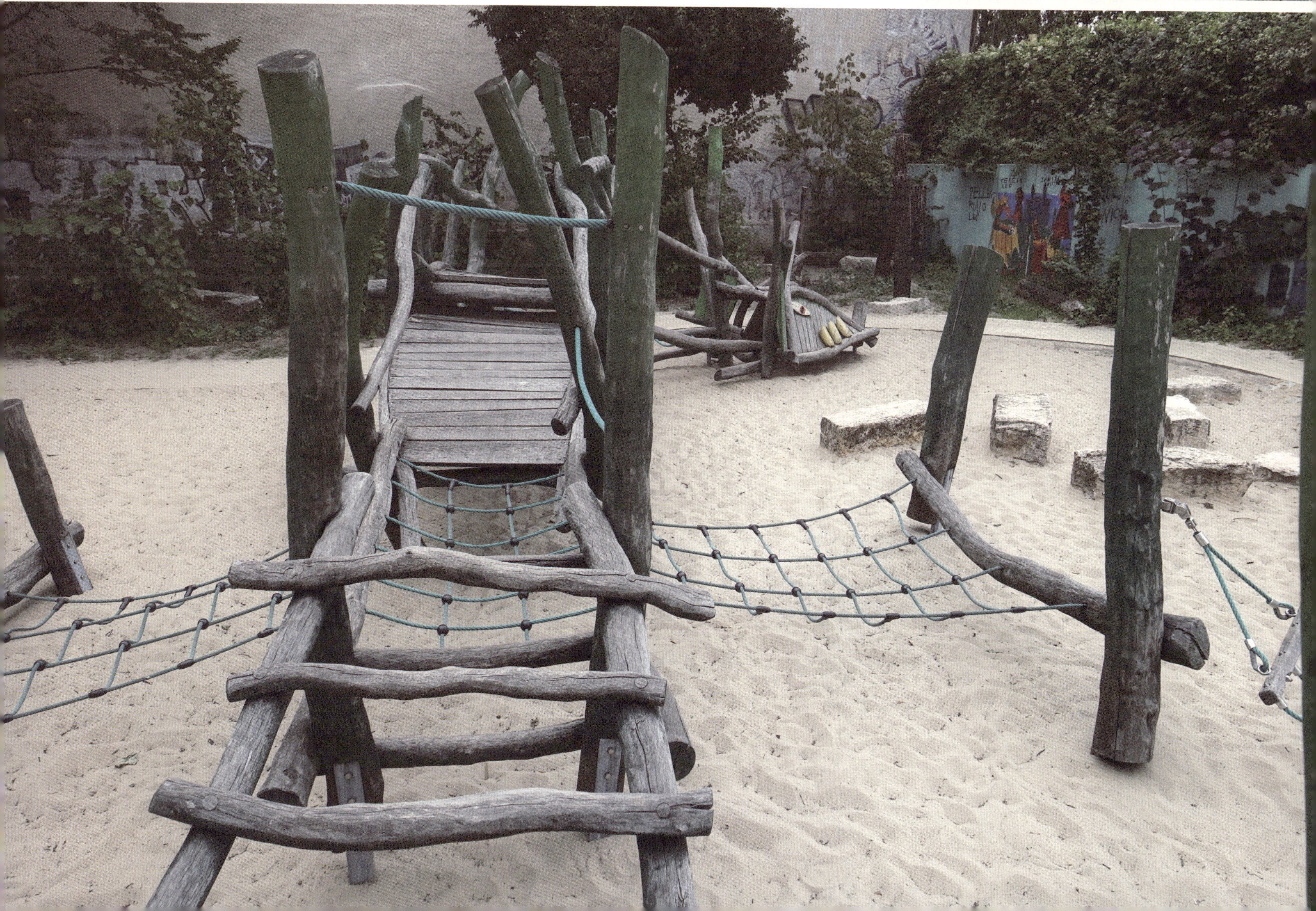

색감이 주변과 잘 어울리는 놀이터(Warnitzer Arches Playground)

동물친화놀이터와 모험놀이터의 만남 (Pinke Panke Playground)

왜 우리는 코펜하겐 놀이터를 보러 갔나

− Copenhagen Playground Map, Playground Pedagogy, Manned Playground

우리가 코펜하겐까지 놀이터를 보러 갈 줄은 몰랐다. 독일로 떠나기 얼마 전까지만 해도 유럽의 어느 도시를 가는 것이 좋을지를 놓고 아내와 이야기를 많이 나누었다. 유럽은 우리가 10년 정도 아이들 노는 사진을 찍으러 다녔던 아시아나 중동과 견주었을 때 항공료며 숙박비며 체류비 모두가 감당하기 어려운 곳이었다. 그래서 고르고 고른 곳이 베를린과 덴마크 코펜하겐이었다. 코펜하겐과 마지막까지 견주었던 도시는 네덜란드 암스테르담이었다. 네덜란드는 요한 하위징아의 나라였고 한 도시 전체의 놀이터 프로젝트를 진행한 알도 반 아이크가 활동했던 곳이기도 했다. 암스테르담은 건축으로도 유명하지만 그간 자료와 책과 웹으로 살펴보았을 때 놀이터 또한 잘 만들어 가꾸는 도시라 판단했기 때문이었다.

덴마크와 네덜란드 위쪽으로도 가고는 싶었지만, 우리 형편을 넘어서는 일이라 멈출 수밖에 없었다. 우리 능력 안에서 깊고 성실히 공부하면 될 일이다. 그래서 결정한 곳이 베를린에서 기차를 타고 갈 수 있는 코펜하겐이었다. 암스테르담은 다음을 기약했다. 아이와 함께 간 가장 큰 까닭은 아이와 함께하지 않고는 놀이터에 들어갈 수 없는 현실적인 문제도 있다. 한 도시의 놀이터에 집중하기로 했다. 기간은 2주 정도로 가장 길게 잡았다. 우리가 유럽의 많은 도시 가운데 코펜하겐의 놀이터를 꼼꼼히 보려고 한 까닭을 몇 가지 이야기 해야겠다.

덴마크 하면 떠오르는 것이 레고이다. 뜬금없이 장난감 회사 이야기를 꺼내는지 의아할 것이다. 레고는 일반적인 회사와 조금은 결이 다르다. 레고는 'leg godt'의 줄인 말로 '즐겁게 논다'는 뜻이다. 레고는 거의 80년의 역사가 있는 완구 회사이다. 그런데 이렇게 승승장구하던 레고가 2000년대 들어 심각한 경영난에 빠진다. 레고의 판매저조와 그에 따른 위기는 레고로 하여금 아이들에게 놀이란 무엇인지 근본적인 질문을 다시 하게 만들었다. 오랜 현장 연구를 통해 Under the Radar, Hierarchy, Mastery, Social Play라는 4가지 아이들 놀이의 중요한 특징을 찾아낸다.

여기서 가장 중요한 것이 Under the Radar, 즉 감시였다. 다시 말해 놀이는 부모나 교사, CCTV와 같은 것에서 벗어났을 때 가능하다는 것을 역설적으로 보여 준다. 어른들의 감시에서 벗어나 반항하는 아이들의 놀이 특성을 상업적 디자인의 모티브로 이용했을 때 막대한 수익을 올릴 수 있다는 의견이 내부에서 강력하게 있었지만, 레고 임원진으로부터 거부되었다. 그 까닭은 그렇게 해서 판매가 늘지 모르지만, 레고의 정체성과 맞지 않다는 판단 때문이었다. 앞으로는 모르지만 레고는 이런 회사였다. 레고의 중요한 디자이너인 파알 스미스마이어(Paal Smith-Meyer)는 한 걸음 더 나아가 이렇게 말했다.

> 우리는 "어떻게 하면 돈을 더 많이 벌 수 있을까?"라고 묻는 대신, 이렇게 묻습니다. "이것이 장래의 설계자들에게 영감을 준다는 우리의 사명에 도움이 되는가?"*

나는 레고의 나라에서 놀이터를 어떻게 만드는지 보고 싶었다. 귀촌해 살면서 여러 해 전부터 놀이터 관련 국내외 자료를 계속 모아 왔다. 이번에 코펜하겐으로 결정하는 데는 이런 자료의 집적과 분석이 크게 도움이 되었고, 실제로 코펜하겐에 가서 우리의 결정이 옳았음을 알았다. 그러면 왜 우리는 유럽의 여러 도시 가운데 코펜하겐의 놀이터를 찾

---

* 크리스티안 마두스베르그·미켈 라스무센 지음, 박수철 옮김, 『우리는 무엇을 하는 회사인가』, 타임비즈, 2014, 176쪽.

KØBENHAVNS KOMMUNES LEGEPLADSER

INDRE BY

Classens Have - Classensgade/Arendalsgade (0-8 år)
Legepladsen ligger bag de høje husrækker i Classensgade med en frodig have og offentlig adgang.

Kastellet - ved Gustafkirken (0-8 år)
Legepladsen ligger på en af de fremskudte bastioner i et 350 år gammelt forsvarsanlæg. Har sandkasse, klatretårn med hængebro, rutsjebane og gynger.

Langelinieanlægget - ved Nordre Toldbod (0-6 år)
Legepladsen har et maritim udtryk med udkigstønde, legeskib, klatrestævn, køjer, rebstiger og udsigt til Den Lille Havfrue og Trekroner.

Østre Anlæg - Stockholmsgade 24 (0-14 år)
Legepladsen er stor og har kæmpegynger, klatreborg bygget ind i skråningen, gammelt legeskib, kælkebakke og boldbur.

Østre Anlæg - ved Sølvtorvet (0-6 år)
På kunstlegepladsen "Sofarækken" må alle kunstværkerne berøres. Formgivet af kunstner Nina Saunders.

Gammelvagt - Gammel Vagt 5 (0-14 år)
Legeplads ligger på fint torv i den historiske bydel Frederiksstad. Her er bl.a. boldbur, legetårn med hejseværk og spande, tunnelrør og cykelbaner.

Hauser Plads - overfor Hauser Plads 16 (2-8 år)
Ny legeplads med masser af spændende legemuligheder centralt i byen.

Israels Plads - ved Ahlefeldtsgade (0-16 år)
Legepladsen bliver nyanlagt og står klar til brug inden udgangen af 2014.

Ørstedsparken - overfor Ahlefeldtsgade 16 (0-6 år)
Legepladsen er byens ældste kommunale legeplads. Nu en stor legeplads i flere niveauer med mange muligheder og en café.

Sankt Annæ Plads - Sankt Annæ Plads 1-13 (0-6 år)
Legepladsen er for de små børn i det grønne anlæg 100 m fra [illegible]

[illegible]parken - Nørre Farimagsgade 2 (0-12 år)
Legepladsen er populær, bemandet med elektroniske legeredskaber og masser af legemuligheder.

Kongens Have - ved Caféen (4-10 år)
Legepladsen er utraditionel med tumleredskaber i træ og nordisk inspireret stil.

Nikolaj Plads - udfor Nikolaj Plads 5-1 (0-6 år)
Kunstlegeplads for småbørn - legepladsen er formgivet af kunstnergruppen Randi & Katrine.

Christianshavns Vold - på Panterens Bastion (0-6 år)
Legepladsen er for de mindste oppe på det gamle voldterræn fra 1600-tallet. Her er vippe, vippedyr, balancebom, stor sandkasse og grill.

Christianshavns Vold - på Elefantens Bastion (0-16 år)
Den bemandede legeplads byder på leg for alle aldre i grønne omgivelser. Her kan alle få en god legestund og lære om klima.

Havnegades trampolinpromenade - Havnegade (Alle)
Legepladsen har udsigt til vandet. Promenaden har boder, scener, grønt og en stribe store trampoliner.

Østre Anlæg

ØSTERBRO

Kildevældsparken - Vognmandsmarken 69 (0-16 år)
Legepladsen er bemandet og med mange sjove aktiviteter, fx snobrød, skattejagt og malerværksted.

Musholmgade - Musholmgade Legegade (0-8 år)
Hyggelig legegade på tidligere vejareal. Her er mange legeredskaber og masser af grønt.

Svendborggade - Svendborggade/Nyborggade (0-8 år)
Byhave med plads til leg og hygge. Her er legehus, rutsjebane, sandkasse, gynger, snurrepind og stier med blomster- og urtebede.

Århus Plads - Århus Plads 2-6 (3-14 år)
Sørøverlegeplads med stort, kæntret skib, der både gemmer på klatrevæg, kravle-tag-fat, boldbur og stejl rutsjebane og meget andet.

Serridslevvej - Fælledparken (Alle)
Et langt aktivitets- og legebånd for både børn og voksne. Her er trampoliner, fodboldbane, basketbane, og alverdens legeredskaber.

Nordhavnsgården - Østbanegade (0-8 år)
Legepladsen er en lokal småbørnslegeplads med rutsjebane, [illegible]

Bopa Plads (0-4 år)
Småbørnslegeplads på et af Østerbros hyggeligste cafehjørner. Her er store, smukt udskårne frugter i træ til at kravle på.

Silkeborg Plads (0-8 år)
Legepladsen er en lege- og solplet flittigt brugt af omkringboende børnefamilier.

Trafiklegepladsen - Fælledparken (2-12 år)
Trafiklegepladsen har trafikbane i børnestørrelse med veje, cykelstier, trafiklys og benzinstander, så små trafikanter kan træne sikker færdsel.

Skaterparken - Fælledparken (Fra 6 år)
En af Nordens største og bedste skaterparker. Det er ikke en legeplads, og den må ikke benyttes af løbehjulsbrugere.

Livjægergade - ved Rosenvængets Allé (0-8 år)
Legeplads med stor klatreborg med fire tårne. Til småbørn er her sandkasse, legehuse, babygynge, fugleredegynge og lille klatretårn med rutsjebane.

Sansehaven - Fælledparken, ved Trianglen (Alle)
Legeplads med labyrinter og mange sanseoplevelser. Der er duftende bede, fontæne med rislende vand, skulpturer og klokkespil med lyd. Her kan handicappede også lege med.

Blegdamsremisen - Blegdamsvej 132A (0-12 år)
Byens eneste indendørs legeplads i en ombygget sporvognsgarage. Med stort sørøverskib, tovbane, boldbaner, bordtennis og kreativt værksted.

Tårnlegepladsen - Fælledparken (0-12 år)
En fantastisk legeplads hvor Københavns tårne er udført i miniformat. Tårnene har forskellige legefunktioner – der kan rutsjes, klatres, snurres og meget meget mere.

Soppesøen - Fælledparken (0-6 år)
Stor, lavvandet soppesø for småbørn. Med solplæner og kiosk. Åben fra 1/6-1/9 alle dage 11-18. I 2014 udvides soppesøen, så hele området bliver en stor vandidræts-legeplads.

Amorparken - Tagensvej/Nørre Alle (0-4 år)
Legepladsen er blandt byens mindste med fugleredegynge, borde og bænke.

Fredens Park - Fredensgade/Søpassagen (0-14 år)
Har trampoliner, familiehængekøje, vipper, gynger, klatreborg og stor sandkasse. Ligger ved Søerne og de udendørs fitness-pavilloner.

NØRREBRO

Folkets Park - Stengade 50 (3-8 år)
Legeplads med hichtech klatreredskaber, gynger og små betonbakker til at rulle eller skate på.

Lersø Parkalle - ved Gyritegade (3-8 år)
Legepladsen er indhegnet og med gynger, rutsjebane og en lang tagfat-bane med brandmandsreb.

Balders Plads (0-14 år)
Kunstlegeplads udsmykket af Tanja Rau i 2009 med stor klatreborg, "jorden-er-giftig bane", sandkasse og indhegnet boldbane.

Odinsgade - ml. Jagtvej og Thorsgade (0-10 år)
Legeplads bygget i naturmaterialer. Har svævebane, redegynge, rutsjebane og andre legeredskaber for små børn.

Guldbergs Plads (2-12 år)
Legplads med kæmpehængekøjer, klatrekube, gynger og gummibakker med kolbøttestang og vippebræt.

Allersgade - ml. Allersgade og Thorsgade (2-8 år)
Bakket legelandskab i en lille krog omgivet klassiske københavnerhuse og byparken Thorshave.

Bispeengen - Hillerødgade 23B (0-16 år)
Bemandet legeplads med et hav af aktiviteter for alle aldre, bl.a. stort klatreredskab, mini-karusel, sandkasseleg, cykelbaner og boldbur.

Nørrebroparken - Stefansgade 30 (0-16 år)
Legeplads med flyvemaskine, træskibene og den store hval. Også bordtennis, stor soppesø, gynger, boldbane, legecykler, indendørs spil og lege.

Udbygade - ved Guldbergsgade (0-6 år)
Legeplads smukt beliggende på åben plads omkranset af gamle lindetræer. Har fugleredegynge og stort klatreland med rutsjebaner, hængebro og meget mere.

Nørrebro Skatepark (Fra 6 år)
Delvist overdækket skaterlandskab med alt i ledges, hips, [illegible]

Hans Tavsens Park vest (Fra 8 år)
Et eldorado for større børn og unge. Multibaner til fodbold, håndbold, volley, tennis, badminton, minigolf og bordtennis.

Ravnsborggade - ved Sankt Hans Gade 13 (Fra 8 år)
Skaterlegeplads med multiplads for børn og unge til skating og bold. Har bane til fodbold, basket, rulle-hockey og en projektormast til filmforevisning.

Sankt Hans Gade - Sankt Hans Gade 3-5 (0-8 år)
Legeplads med maritimt udtryk og kunstgræsklædte øer, blåt "hav", hængebro og forhindringsbaner.

Hans Tavsens Park øst (0-14 år)
Legeplads med masser af leg i sol og skygge. Bl.a. sjov cykelbane, sandflod med bro, klatreslotte, soppebassin og boldbane. Udlån af mooncars, legetøj og bolde. Der er bålplads.

Blågårds Plads (1-8 år)
Kunstlegeplads af Eva Steen Christensen. Gynger og langstrakt klatrevæg der ligner papirklip. Nabo til Kai Nielsens kendte skulpturer.

Wesselsgade - Wesselsgade 12-16 (0-16 år)
Legeplads i hyggelig oase væk fra den omkringliggende pulserende by. Legepladsen er omgivet af byhuse og gamle, høje træer. Leg for børn og unge i alle aldre.

BaNanna Park - Nannasgade 6 (0-16 år)
En af byens nyeste og sjoveste parker i byen. Der er masser af legemuligheder for alle aldre.

Mimersparken (Alle)
Legeplads hvor man kan spille fodbold, bordtennis, lave parkour og fitness eller tage en tur på klatrevæggen. Man kan også spille petanque, grille og hænge ud i solen.

VESTERBRO, KONGENS ENGHAVE

Saxoparken (0-16 år)
Små legeøer strøet ud over Saxoparken. Med gynger, kolbøttestænger, stort boldbur, øglepark og klatrestativ. Nabo til Vesterbro Naturværksted.

Skydebanehaven - Absalonsgade (0-16 år)
Bemandet legeplads med stor flot legepapegøje, cykelbaner med asfaltbakker, soppebassin, klatrepyramide, boldbure og i sommerhalvåret er der en café på legepladsen.

Broagergade - Broager Legegade (0-6 år)
Indhegnet legeareal for enden af gaden. Med stor legeborg, hvor man kan rutsje, kravle og krybe.

Enghaveparken - Ejderstedsgade 1 (0-16 år)
Stor og livlig bemandet legeplads med svævebane, høj klatrepyramide, gynger, karruseller og en klatreborg med hejseværk.

Enghave Plads (fra 6 år)
Aktivitetsplads med stor skaterbane lavet af lokale skatereksperter. Stort boldbur skjult inde bag lav cirkulær hæk og højt slyngplantehegn.

Sønder Boulevard - udfor Bodilsgade (3-10 år)
Legeplads udformet som "Det gode skib Trinidad", der er gået på grund, og i "havet" flyder skibskasser, tømmerflåde, træstammer - alt til at kravle og klatre på.

Rektorparken - ved Vestre Kirkegårds Allé (0-8 år)
Legeplads med vippedyr, rutsjebane, sandkasse, boldbane

Sjælør Boulevard - ved Mozartsvej (2-[illegible])
Legeplads for små og store børn. Med klatreborg, boldbur og gynger mm.

VALBY

Vigerslevparken - ved Engdraget (3-12 år)
På cykelruten gennem parken ligger legepladsen, der har anderledes legeting, fx æggebæger-karrusel, "drejebænk" og edderkoppenet.

Carl Langes Vej - ml. Eschrichtsvej og Panumsvej (0-8 år)
Legeplads med skovtrold, der vogter over sit skjulested. Her også klatreborg, gynger, junglesti, vippedyr og sandkasse.

Steins Plads - ml. Eschrichtsvej og Steinsvej (3-10 år)
Legeplads beliggende på klassisk torv i et af Valbys gamle villakvarterer. Med kuperet asfaltbane til skatere og små cyklister, legetårn, rutsjebane, små karruseller, vippedyr og gynge.

Trekronergade - Vigerslev Allé/Valgårdsvej (2-8 år)
Legeplads er indhegnet og ligger i skyggen af gamle, frodige træer. To gamle bunkers er blevet til legebakker med hængebro imellem.

Vilhelm Thomsens Alle - ved nr. 42 (0-14 år)
Offentligt haveanlæg med små legeøer for små og lidt større børn. Her er vippedyr, gynger og en lille boldbane.

Lykkebovej - overfor Højbovej (3-10 år)
Legepladsen er fitness-inspireret med edderkoppenet, slalommaskine, fugleredegynge, fjedrende stubbe og "drejebænk".

Vigerslevparken - ved Lykkebovej (0-8 år)
Legepladsen ligger på cykelruten gennem parken og har alt til småbørn: gynger, klatrevæg, rutsjebane, sørøverlandskab med piratbro, "kattegarn" til at svinge sig i og sandkasse med legetøj.

Vigerslev Alle - ved Baunagervej Rækkehuse (0-14 år)
Legeplads beliggende mellem hyggelige huse. For de mindste et sandområde med vippe, babygynge og sandkagebord. For større en Tarzan-bane med broer, tove, tårne og klatrevæg.

Kirsebærhaven - Kirsebærhaven 14 (Fra 3 år)
Legeplads med plæner, grillpladser og uanede legemuligheder: kæmpehængekøje, kravlepyramide, klatreborg, gynger, kæmpesæbebobler, legestreger i asfalten, skaterområde med ramper og [illegible]

아갔을까. 코펜하겐은 모험놀이터가 1943년에 세계에서 처음으로 시작된 곳이다. 이렇듯 스칸디나비아에서 시작한 모험놀이터는 영국, 미국, 일본으로 확대된다. 모험놀이터를 처음 생각한 사람은 조경가 칼 쇠렌센이다. 그의 생각을 빌려 건축가 댄 핑크(Dan Fink)가 버려진 물건이나 공사장에서 아이들이 놀기 좋아한다는 것을 알고, 코펜하겐 근처 앤드랩(Emdrup)이라는 곳에 폐자재 놀이터를 만들었다. 이것이 모태가 되어 모험놀이터로 플레이파크로 발전한다. 그만큼 코펜하겐은 놀이터 역사에서 의미 있는 곳이다. 모험놀이터를 다룬 책은 따로 준비 중이다.

코펜하겐의 현재 놀이터 시스템이 갖추어지기 시작한 때는 1939년이다. 현재 코펜하겐에는 120여 개의 놀이터가 있고 그 가운데 24개 놀이터는 상주하는 사람이 있다. 이런저런 경로로 코펜하겐에서 만든 시 전체에 퍼져 있는 놀이터 위치와 그 놀이터에 대한 설명이 담긴 '코펜하겐 놀이터 지도'를 얻었다. 그 지도를 꼼꼼히 살펴보니 코펜하겐이 놀이터 가꾸기를 참 공들여 하고 있다는 확신이 들었다. 또한 다른 도시에서는 보기 어려운 코펜하겐의 독특한 놀이터 운영 시스템이 오래전부터 있다는 것도 알게 되었다.

그것을 영어로 옮기자면 'Manned Playground'라는 개념인데 우리말로 옮기자면 '사람이 상주하는 놀이터'라고 할 수 있다. 그런데 이 놀이터에 상주하는 사람이 기존에 영국이나 일본에서 흔히 볼 수 있는 민간 '플레이리더'가 아니라 시에 정식으로 소속된 신분이었다. 그래서 이 시스템에 대해 더욱 알고 싶어졌다. 아이들 놀이터에 상주하는 사람을 둘 정도라면 놀이터 행정으로 보았을 때 가장 앞선 것이 아닐까 하는 판단이 들었기 때문이다. 또 하나 코펜하겐에는 많은 이민자가 살고 있는데, 도시 안에서 이들이 거주하는 곳이 한쪽에 몰려 있다는 이야기를 들었다. 그렇다면 그곳에도 놀이터가 있을 터인데 그런 놀이터는 또 어떻게 만들고 관리하는지 알고 싶었다. 다시 말해 소외지역 놀이터에 대한 코펜하겐의 놀이터 정책이 어떠한지 가까이서 보고 싶었다. 이런 까닭으로 우리는 코펜하겐으로 결정했다.

Manned Playground

호텔은 갈 수 없어 현지인의 집을 빌려 2주간 머물렀다. 그들의 일상으로 들어가 보려는 뜻이었다. 우리는 아파트 2층에 방을 얻었는데 베란다에서 내려다본 아파트 놀이터 광경이 이런 모습이었다. 이곳 아파트는 우리와는 좀 다르게 입구가 따로 없고 아파트 뒷문으로 연결된 계단을 내려가면 함께 쓰는 공동 구역이 있는 구조였다. 그곳에 놀이터가 있었다. 자연스러운 점이 눈에 띄었고 거대한 고목 하나를 쓰러뜨려 놓은 것이 인상적이었다. 우리나라 아파트에 저런 나무를 놓으면 뭐라고 할지 웃음이 나왔다.

코펜하겐에서 관리하는 놀이터는 크게 두 가지로 분류할 수 있다. 하나는 사람이 있는 놀이터이고 또 하나는 그냥 놀이터이다. 먼저 '사람이 있는 놀이터'를 찾아가 보았다. 우리가 궁금한 것은 그 사람의 일상이었다. 머물고 있는 곳에서 가까운 Manned Playground를 갔더니 할아버지 한 분이 놀이터 사무실에 있었고 그 건너편에는 유치원과 초등학교

가 건물을 같이 쓰고 있었다. 인사를 하고 우리 소개를 하고 이야기를 나누고 싶은데 괜찮으냐고 했더니, 혹시 당신 가족이 한국에서 온다고 했던 사람들이냐며 웃었다. 어떻게 아느냐고 놀라 물었더니 연락을 받았다고 했다. 허허, 이거 참! 우리는 그냥 코펜하겐의 많은 놀이터 가운데 머무는 곳 가까이 있는 놀이터를 찾아갔는데, 우리가 한국에서 올 것이란 사실을 알고 있었다.

우리는 한국에서 코펜하겐을 살펴보기로 최종 결정한 다음에, 시 홈페이지에 들어가 놀이터 담당자를 찾아 메일을 보냈었다. 여자 분에게서 바로 답장이 왔다. 환영한다는 말

놀이터 밖에서

184

PART 4

과 함께 언제쯤 오는지 미리 알려 주면 만날 수 있다고 했다. 우리는 코펜하겐의 놀이터를 두루 돌아보고 궁금한 것도 묻고 시의 놀이터 정책이 어떤 것인지도 알아보고 싶어 시청 담당 공무원을 만나려 했던 것이다. 그래서 도움을 청한 것인데 답변을 너무 빨리 해 줘 조금 놀랐다. 답장이 안 오면 어떻게 해야 하나, 찾아가야 하나, 연락 없이 왔냐고 하면 뭐라고 하지, 뭐 이런 자잘한 고민을 했다. 우리는 결국 코펜하겐을 떠나기 며칠 전에 메일을 주고받던 담당 공무원을 만나 그동안 코펜하겐 놀이터를 둘러보며 느낀 것과 궁금한 것을 묻고 대답을 듣는 시간을 가졌다.

놀이터를 보살피고 있는 이 할아버지는 61세였고 이름은 스텐(Sten Mau)이었다. 한국인 딸을 입양했는데 지금은 다 컸다고 했다. 한국에서 왔다고 했더니 더 반기는 느낌이었다. 안으로 들어오라고 해서 들어갔더니 그곳에는 여러 놀이 도구가 여러 벌 걸려 있었고 플레이스테이션 게임을 할 수 있는 시설도 갖추어져 있었다. 처음에는 조금 의아했지만, 설명을 듣고는 수긍이 갔다. 한마디로 조화였다. 놀이도 하고 게임도 하고 아이들이 선택할 수 있

어야 한다고 했다. 아이들은 이 둘을 넘나들면서 논다고 했다.

　이 건물 밖에는 너른 공터가 있어 아이들이 바깥에 놓여 있는 놀이 도구를 꺼내 마음껏 놀 수 있다. 스텐을 만나러 한 번 더 이 놀이터에 갔다가 재미있는 광경을 보고 웃었던 기억이 난다. 수업 시작종이 친 줄 모르고 한 무리의 아이들이 그네를 흔들며 하늘 높이 타고 있었는데 한 아이가 달려와서는 선생님이 부른다고 하니, 번개처럼 그네에서 뛰어내려 교실로 달려갔다. 여기나 거기나 아이들 세상은 크게 다르지 않다.

Playground Pedagogy

실례를 무릅쓰고 할아버지에게 어떤 일을 하는지 물었다. 'Playground Pedagogy'라고 했다. 공식적으로 쓰는 영어 문건에는 'Staff'로 표현된다. 그게 무엇이냐고 했더니 아이들이 학교를 마치거나 쉬는 시간에 밖으로 나오면 아이들이 여러 놀이를 선택해 놀 수 있도

록 돕는다고 했다. 사람이 있는 놀이터에는 페다고기가 두 명 있는데, 한 사람은 아이들 교육 관련 경험이 풍부한 연륜이 있는 사람이 정을 맡고, 부는 보조를 하는 식으로 운영된다고 했다. 페다고기는 시에 정식으로 소속되어 급여를 받는다고 했다. 내가 한국에서 알아본 내용과 같았다. 놀이터에서 아이들을 만나는 사람이 시에 소속된 이런 놀이터 시스템을 갖춘 곳은 유럽 내에서도 드물지 않을까 생각한다. 이분 말고도 코펜하겐의 '사람이 있는 놀이터'를 몇 군데 더 다니며 '페다고기'를 만나 이야기를 나누었는데, 하나같이 나이가 있고 따듯한 사람이라는 인상을 받았다. 아이들과 함께 놀이터에 온 부모들과 육아와 교육에 관해서 풍부한 경험을 나눠 주고 있었다.

두 번째 방문한 날 스텐이 학교에 들어가 보고 싶으냐고 물었다. 하하, 그렇다고 했더니 같이 가자고 했다. 학교 이름이 'Norrebro Parkshole'로 6살에서 16살 아이들이 다니는 곳이다. 할아버지도 젊어서는 이 학교에서 일했다고 한다. 학교를 둘러보는 동안 아이들이 할아버지 가까이 와서 붙들고 장난을 쳤다. 여자아이 하나가 스텐을 보고 놀아 달라고 하더니 "바보" 그러면서 도망을 쳤다. 친근한 할아버지 모습이었다. 놀이터에서 아이를 만나는 사람의 느낌이 이런 것이겠구나 생각했다. 놀이터에는 이렇게 넉넉하고 푸근한 어른들이 필요하다. 칭얼대도 받아 줄 것 같고 장난쳐도 받아 줄 것 같은 사람 말이다. 이렇게 스텐과 함께 학교에 들어갔는데 느낌이 실내 놀이터 같았다. 아이들은 그 속에서 페인팅, 연주, 블록 쌓기 같은 실내에서 할 수 있는 활동을 하고 있었다. 학교를 나오면서 학교 안과 밖이 놀이로 꽉 차 있다는 생각이 들었다.

플레이리더에서 놀이터활동가로

코펜하겐의 페다고기는 뉴욕의 Play Associate, 영국의 Play Worker, 일본의 Play Leader와는 조금 다른 개념이었다. 언젠가 놀이터소위원회에 갔다가 놀이터에서 아이들을 만나는 사람을 일컫는 말로 '플레이리더'는 어울리지 않다는 주장을 한 적이 있다. 어떤 나라에서는 'Supervisor(감독자)'라는 말도 쓰는데 너무 권위적이다. 모두가 평등한 놀이터에 나오는 아이들 사이에서 리더라는 말은 건강한 말이 아니라고 설득해 이 용어는 지금 '놀이터 이모 삼촌'이나 '놀이터활동가'로 정리되어 가고 있다. 어린이 동네에서 '이모, 삼촌'이라는 말을 가장 먼저 쓰고 널리 쓰게 만든 것은 아마 월간 어린이교양지 『고래가그랬어』일 것이다.

어느 날, 조한혜정 선생이 "플레이리더는 놀이삼촌으로 부릅시다. 삼촌은 제주에서 남녀 모두 지칭하는 말"이라는 메일을 주셨는데 이렇게 용어가 정리되어 다행이다. 그러나 중요한 것은 이름이 아니라 그 역할이 무엇이냐이다. 나는 놀이터에서 아이들을 돌보는 '이모 삼촌'이나 '놀이터활동가'를 부모이면서 부모가 아닌 사람으로 정의하고 싶다. 다시 말해 아이들을 빠져서 보는 사람이 아니라 떨어져 보는 사람이라는 뜻이다. 강요하거나 간섭하지 않는 것이 최선의 덕목이다. 이것 하나만 정리가 되어도 '놀이이모·놀이삼촌'과 '놀이터활동가'의 일차적 요건은 충분하다고 생각한다. 하나 더 바람이 있다면 그 동네에 실제로 사는 이모나 삼촌이나 활동가였으면 더 좋겠다.

또 다른 '사람이 있는 놀이터'에서 만난 티나 젠센(Tina Jensen, 55세)이라는 여성 페다고기는 이런 놀이터가 코펜하겐에서 1975년에 처음 문을 열었다고 알려 줬다. 그러니까 상당한 역사가 있는 시스템이었다. 함께 놀이터 일을 거들고 있는 안내자는 마케도니아 출신의 올해 36살의 나타샤 잔코브스카(Natasa Jankovska)라는 여성이었다. 티나는 지금 있는 놀이터 꽃밭을 아이들과 함께 3년을 가꿨다고 한다. 아이들은 놀면서 어른이 된다고 생각하는 티나는 놀이터는 즐겁고 안전하고 편한 곳이어야 한다고 했다. 오전 9시부터 오후 5시까지 머물고 있으며, 그 이후 시간은 놀이터를 닫는 것이 아니라 자율적으로 시민에게 개방한다고 한다. 티나는 아이들이 불을 가지고 마음껏 놀 수 있는 놀이터를 보여 주었다. 페다고기가 있는 시간에는 언제나 불놀이를 할 수 있다고 했다. 그 이후는 부모랑 함께 와서 불을 피우고 고기나 소시지를 구워 먹을 수 있다고 했다.

불놀이를 할 수 있는 놀이터

　티나가 있는 놀이터 한쪽에 포스터가 눈에 띄어 어떤 캠페인을 알리는 것인가 궁금해서 물었더니, 올해부터 2025년까지 놀이터에서 완전 금연을 하자는 캠페인 포스터라고 했다. 코펜하겐 사람들은 담배를 많이 피우는 것 같기는 하다. 담배 피우는 모습을 놀이터에서도 어렵지 않게 볼 수 있었다.

　한쪽에 토끼장이 있어 딸이 가까이 가는 것을 보더니, 누가 못 기르겠다고 준 것을 놀이터에서 아이들과 함께 4년을 키웠는데 지금은 놀이터에 없어서는 안 될 존재가 되었다고 한다. 코펜하겐 놀이터의 유연성이 느껴지는 대목이었다. 변화를 인정하는 놀이터라고나 할까. 아이들이 놀이터에 들어서며 처음 하는 말이 "토끼 어디 있어?"란다.

　코펜하겐에는 4~5만 명 정도의 이민자가 있는데 노레브로(Norrebro)와 오스터브로(Osterbro)에 3만 명이 거주한다고 한다. 이 놀이터가 있는 노레브로는 이민자들이

80~90%를 차지할 만큼 이민자가 많고 종교 또한 다르다고 했다. 그래서 자신은 어려움을 겪는 부모들을 놀이터에서 만나 이야기도 들어주고 조언도 해 주고 커뮤니티에 필요한 것이 있다면 연결도 해 주는 역할을 한다고 했다. 놀이터가 어려움이 있는 이민자들과 소통하는 장소로 쓰인다는 말이다. 코펜하겐 전체의 안정을 위해서도 이 지역은 특별히 애정을 가져야 할 곳이라는 말도 빠뜨리지 않았다.

자신은 아이들의 놀이도 격려하지만 가장 중요한 일은 이민자들이 사회에서 안정감을 가지고 살 수 있도록 돕는 일을 한다고 했다. 함께 만나고 좋은 일을 만들어 가는 것이 중요하다고 했다. 마침 댄스 수업이 있던 그날도 인도와 파키스탄 출신 어머니들이 아이들과 함께 와서 티나와 한참 이야기를 나누고 갔다.

티나가 있는 Manned Playground를 둘러보고 가까운 곳에 있는 일반 놀이터를 둘러보면서, 덴마크 사람들이 많이 사는 지역보다 오히려 이쪽 놀이터 시설이 더 좋다는 생각이 들었다. 이렇듯 코펜하겐에는 특화된 놀이터가 다양하다. 1) 토끼나 닭, 짐승들을 가까이서 만날 수 있는 동물 놀이터, 2) 춤 같은 것을 함께 배우는 워크숍 놀이터, 3) 책과 함께 있는 도서관 놀이터, 4) 여러 경기를 할 수 있는 스포츠 놀이터, 5) 꽃과 채소를 가꾸는 텃밭 놀이터로 나눌 수 있었다.

나중에 시 담당 공무원인 또 다른 티나를 만나 물어 보았더니 이민자 배려, 약자 배려 정책이라고 했다. 이러한 티나의 말을 노레브로에 위치한 슈퍼킬렌(Superkilen) 무슬림 광장 놀이터를 보고 다시 한 번 확인했다. 참 좋은 놀이터였다. 이 광장에는 인공 언덕이 아름답게 만들어져 있는데 올라가 보니 그곳 명패에 'Gaza, Palestine'이라고 새겨 있었다. 물론 이런 유화책이 도구적으로 쓰일 수 있다는 점을 간과하면 안 되겠지만, 이민자 아이들과 주민이 놀고 쉬는 공간에 대한 배려는 존재했다. 이곳과 조금 떨어져 있는 Israels

놀이터 밖에서　　　　　　　　　　　　　　　　　　　　　　　　　　　193

Plads South 광장은 또 다른 느낌으로 만들어져 있었는데, 두 광장 모두 아이들의 놀이터 역할을 한다는 공통점이 있다.

아름다운 놀이터

끝으로 코펜하겐 놀이터를 둘러보면서 받았던 두 가지 신선한 충격에 대해 말하고 싶다. 첫 번째는 놀이터의 위치이다. 우리나라는 좋은 위치에 중요한 건물을 먼저 짓고 난 다음에 구석지거나 남는 자투리땅에다 놀이터를 짓는 경우가 많은데, 이곳은 그와는 반대로 놀이터 위치를 먼저 잡은 것이 아닌가 할 정도로 동네에서 가장 좋은 장소에 놀이터가 있었다. 또 하나는 놀이 기구의 내구성이나 안전성보다 더 눈에 더 들어왔던 것이 놀이터를 둘러싸고 있는 배경의 아름다움이었다. 정말 아이들이 오고 싶은 곳으로 만들려고 애를 썼구나 하는 생각이 놀이터 배경 벽의 환한 색감과 개성적인 그림, 그리고 스케일에서 느껴졌다. 놀이터가 참 재미있네에서 놀이터가 이렇게 아름다울 수 있구나 하는 생각으로 넘어가는 지점이었다.

한국에서 떠나기 전에 미리 협조를 구하지 못해 코펜하겐의 유치원이나 유아 놀이터를 가까이 보지 못한 것이 아쉽다. 사실은 협조를 구한다 해도 나이 어린 아이들이 생활하는 유치원에 낯선 사람이 들어간다는 것도 생각해 볼 일이다. 다만, 이번에 코펜하겐 여기저기에 흩어져 있는 놀이터를 다니며 길가에 있는 몇몇 유치원을 보게 되었는데 유아 놀이터 시설보다는 그곳에서 생활하는 일상이 눈에 더 들어왔다. 딱 하나였다. 오전이고 오후고 아이들이 실내에 거의 있지 않는다는 점이었다.

실내는 점심 먹을 때 잠시 들어가는 정도로 보일 만큼 아이들은 바깥에서 하루의 대부분을 보내고 있었다. 여러 가지로 우리나라와는 견주기 어렵겠지만 분명한 것은 우리와는 반대되는 개념으로 아이들을 돌보고 있음을 알 수 있었다. 유아교육을 공부하지 않은 사람일지라도 한국의 유치원과 어린이집 아이들이 하루 대부분을 좁은 실내에서 보내고 있음을 잘 알 것이다. 어린아이들을 실내에 잡아 두어야 할까? 아니면 바깥에서 뛰놀도록 해야 할까? 묻지 않아도 알 수 있는 일이다. 또한 "아이들이 놀기에 맞지 않는 날씨는 없다"라는 속담을 코펜하겐에 와서 실감했다. 비가 와도 코펜하겐 놀이터에는 아이들이 붐볐다.

끝으로 코펜하겐에서 본 가장 기억에 남는 놀이터 장면 셋을 차례로 보여 주고 싶다. 하나는 아이는 모래놀이터에 내려놓고 엄마가 유모차에 올라 앉아 책을 읽는 모습이고, 또 하나는 경사진 놀이 기구를 내려오는 아이를 바라보는 아빠 모습, 마지막 하나는 놀이터에 세대를 초월해 여러 가족이 함께 모여 있는 모습이다. 우리나라 놀이터에서는 좀처럼 보기 어려운 모습이다. 이것은 놀이터의 문제가 거듭 아니며 놀이와 놀이터와는 별 상관이 없음을 보여 준다. 부모가 사람처럼 살 수 있어야 놀이터에서 아이들도 놀 수 있다.

놀이터 밖에서

주제가 있는 코펜하겐 놀이터 다섯 곳
Manned Playground

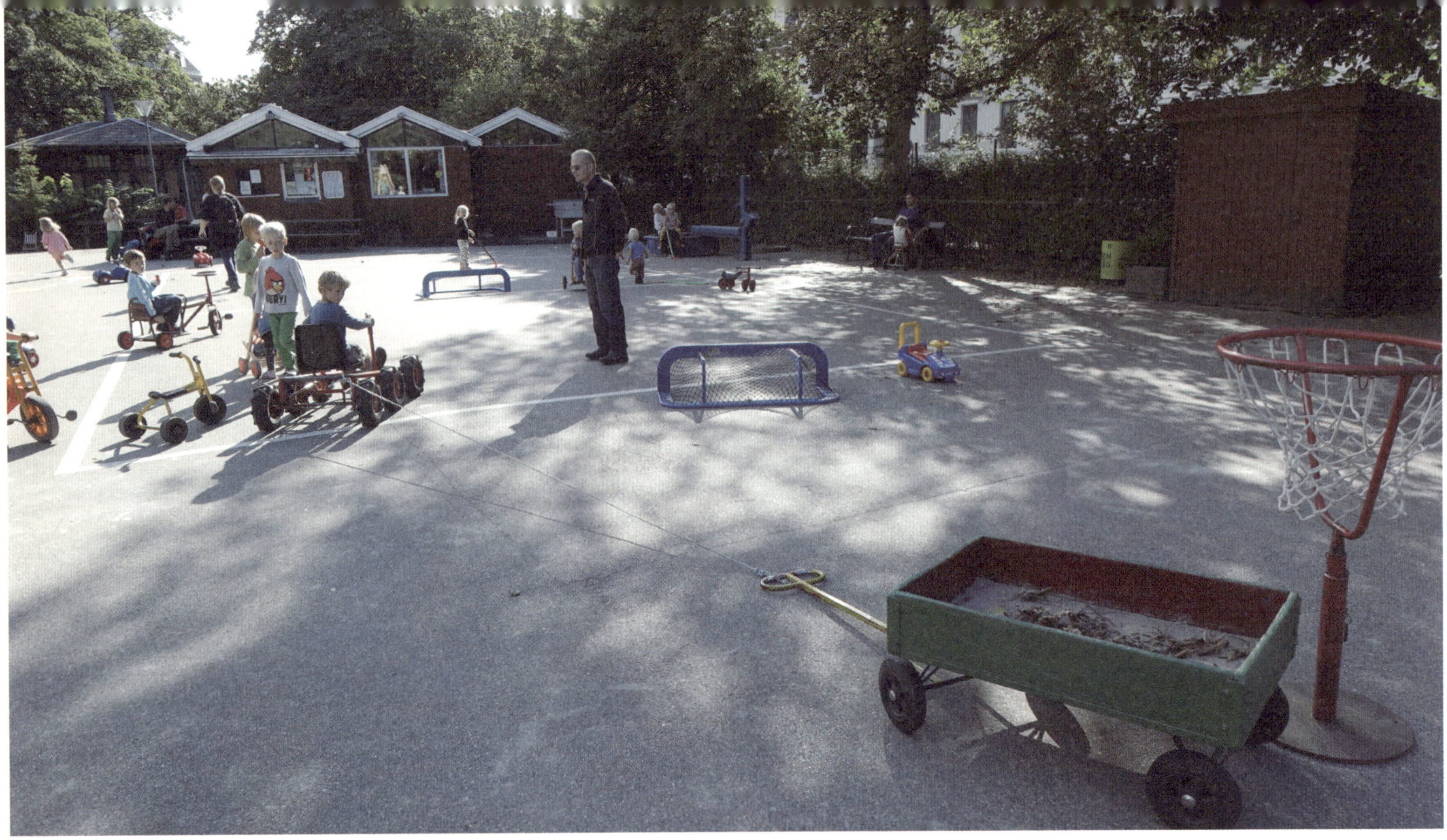

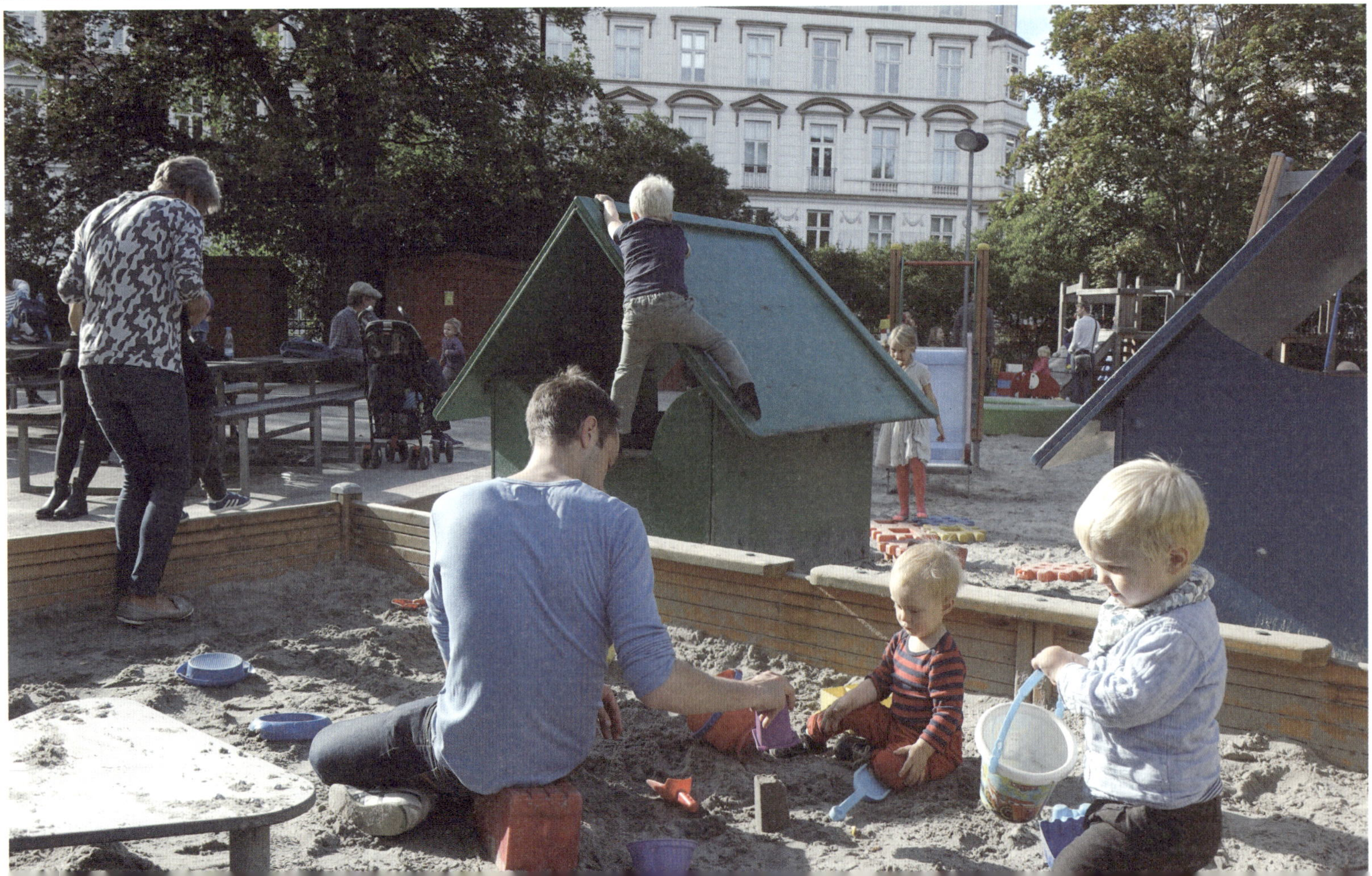

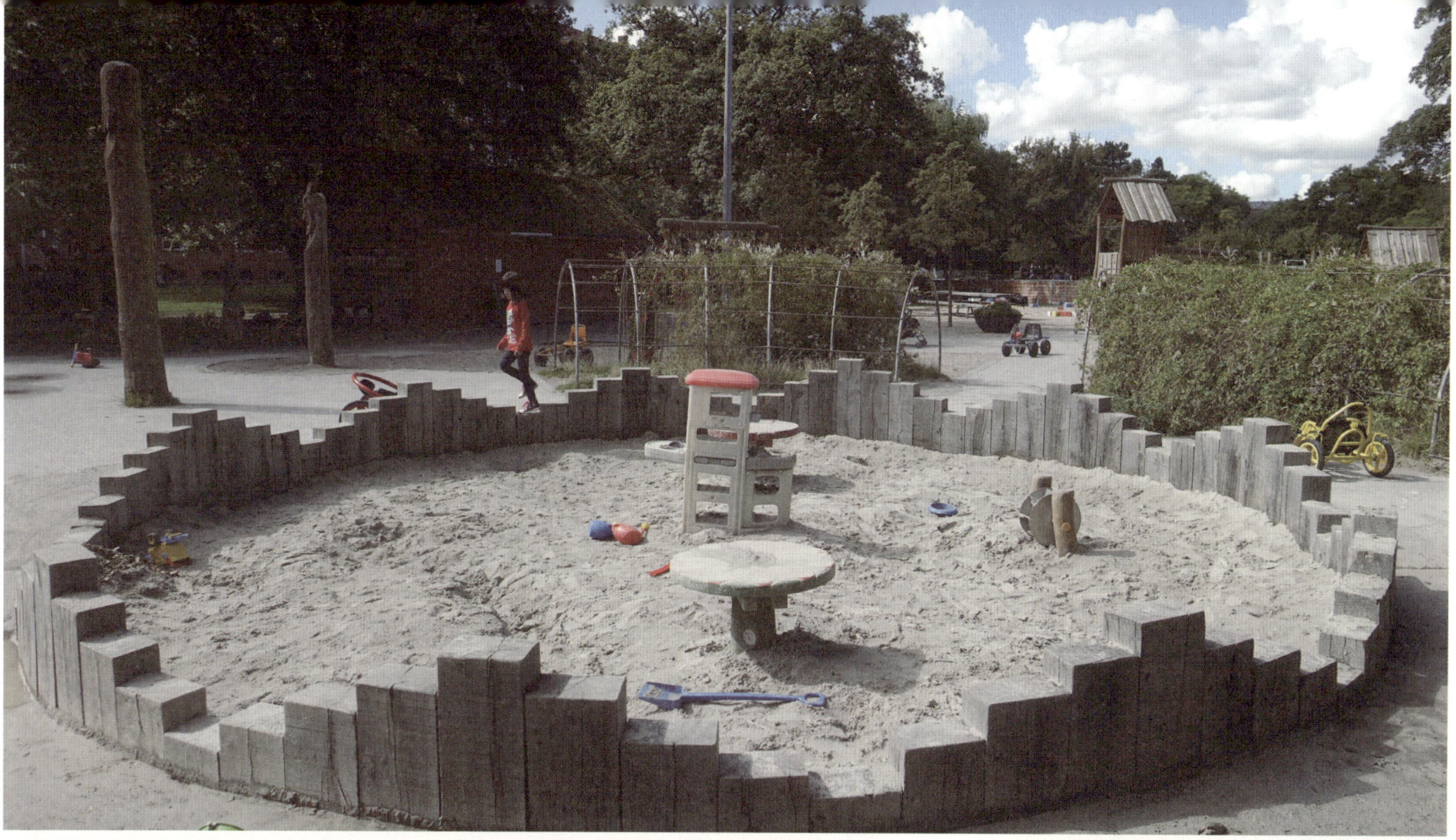

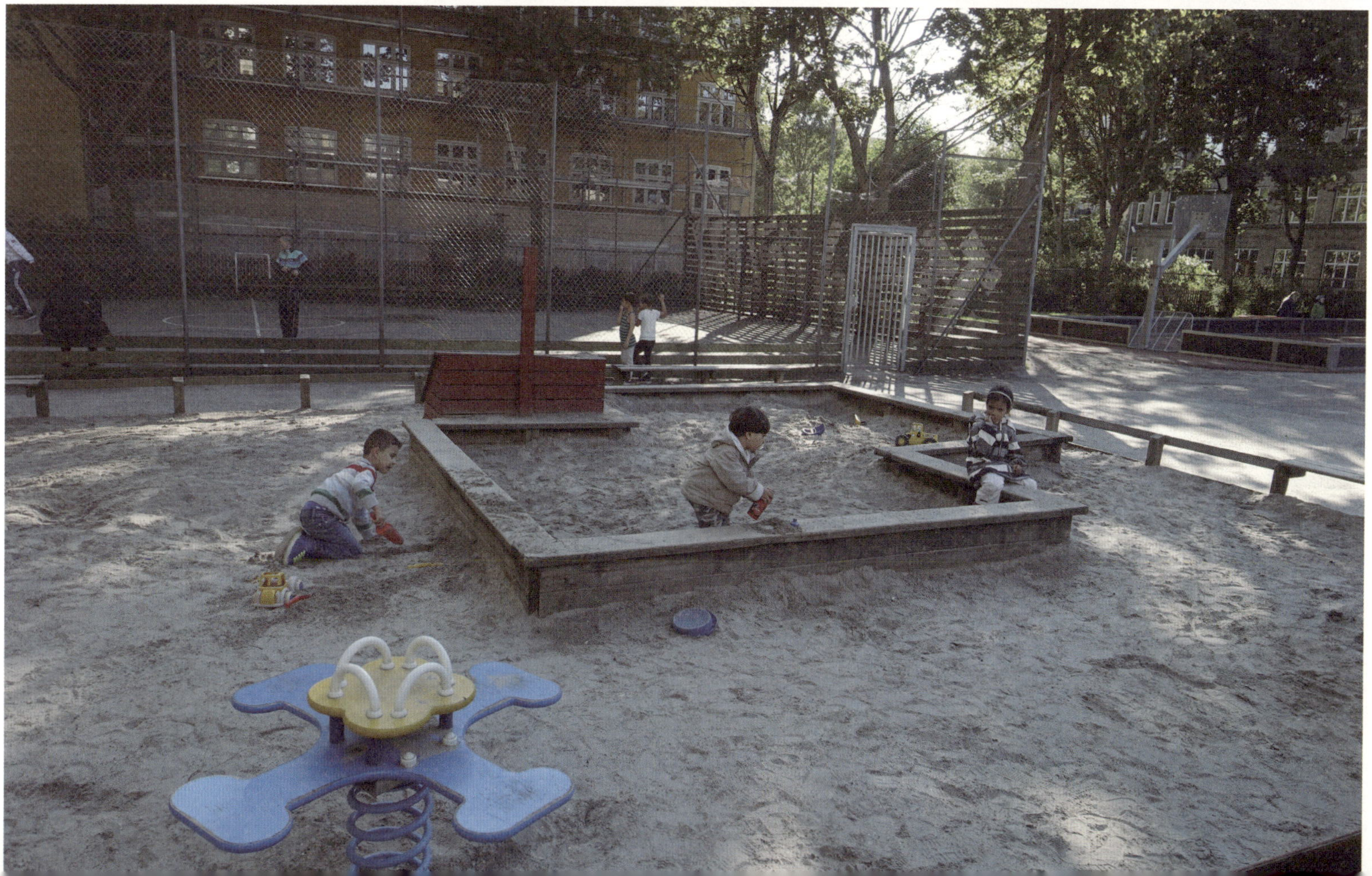

동물을 만날 수 있는 놀이터

중세 성 놀이터

현대적 놀이터

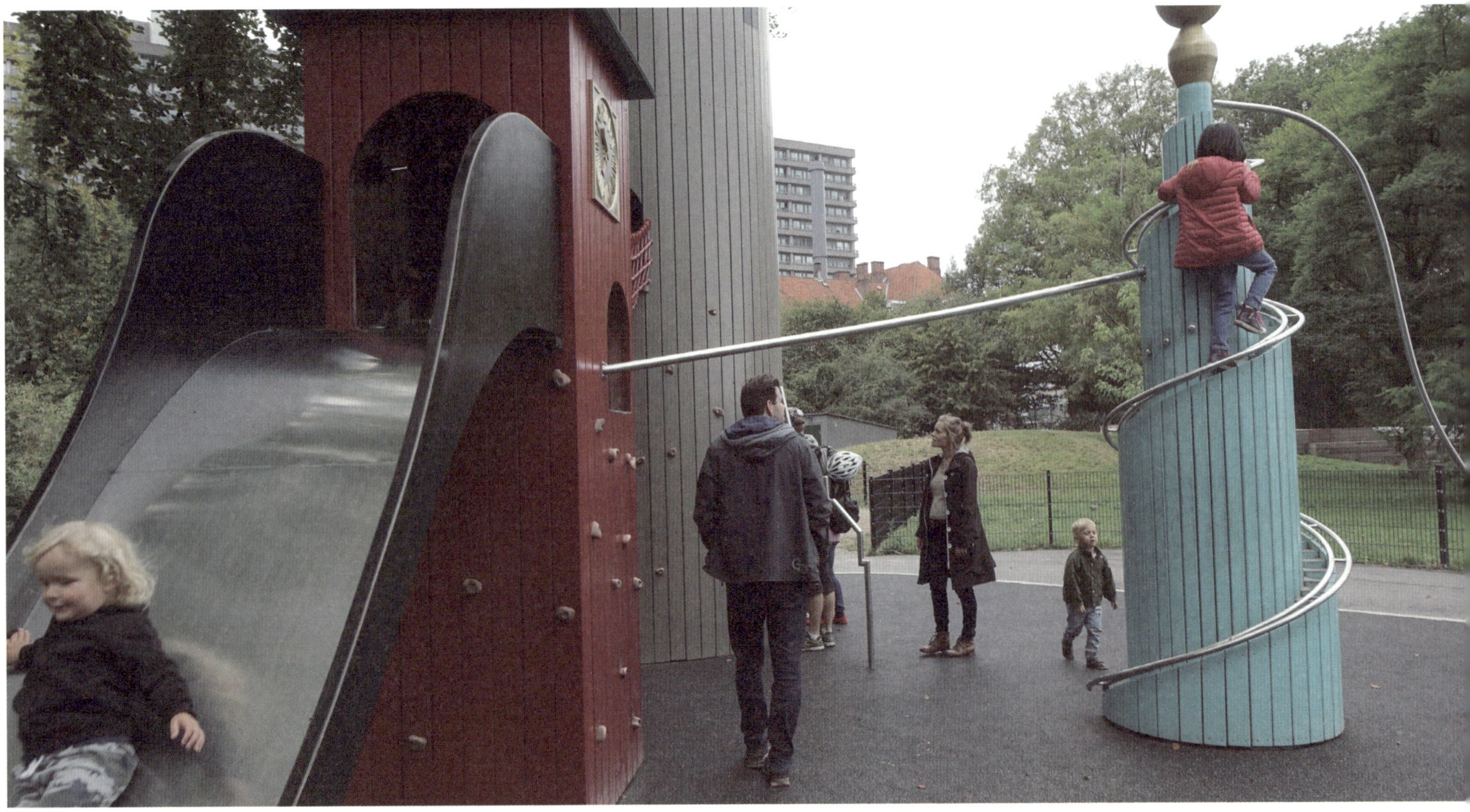

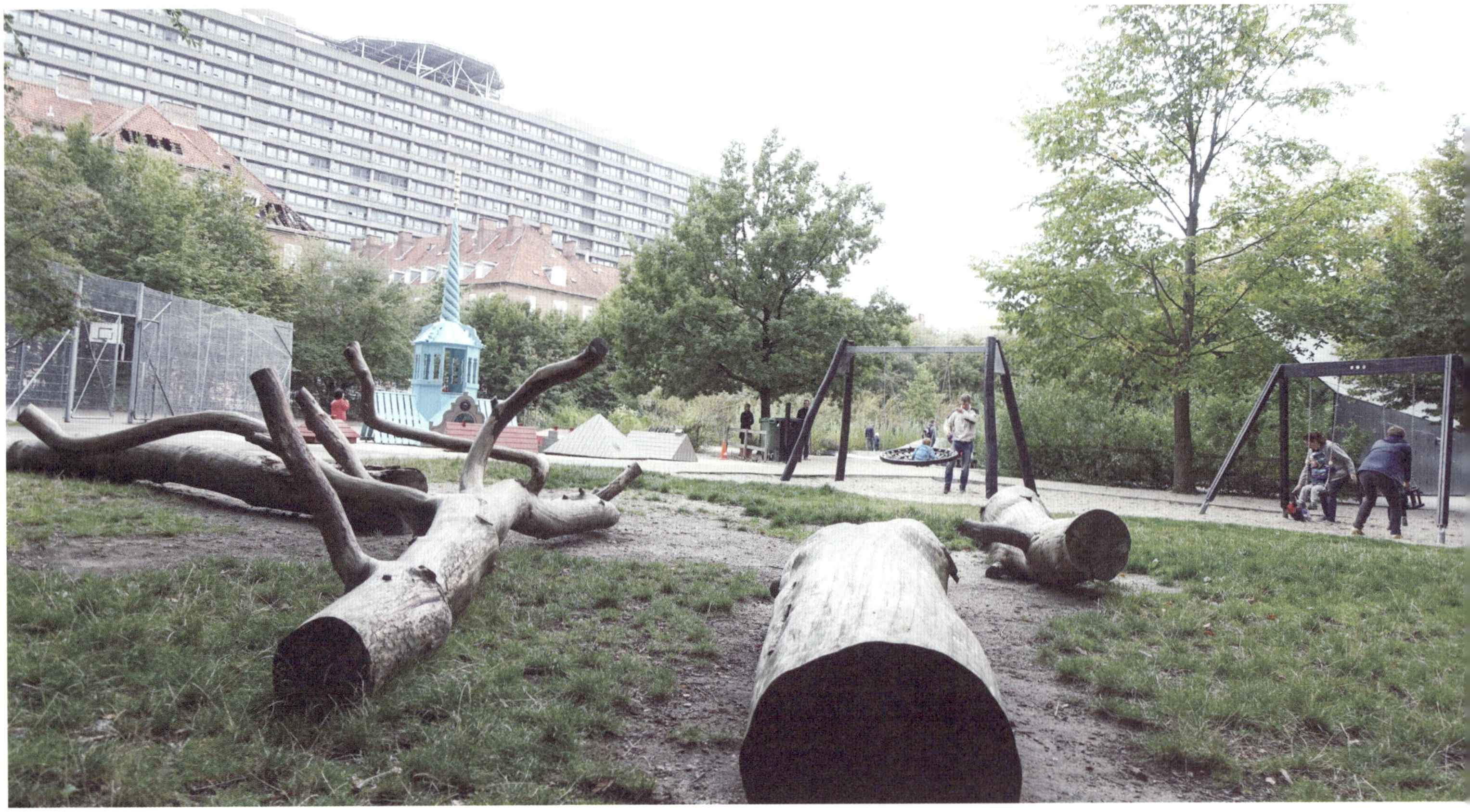

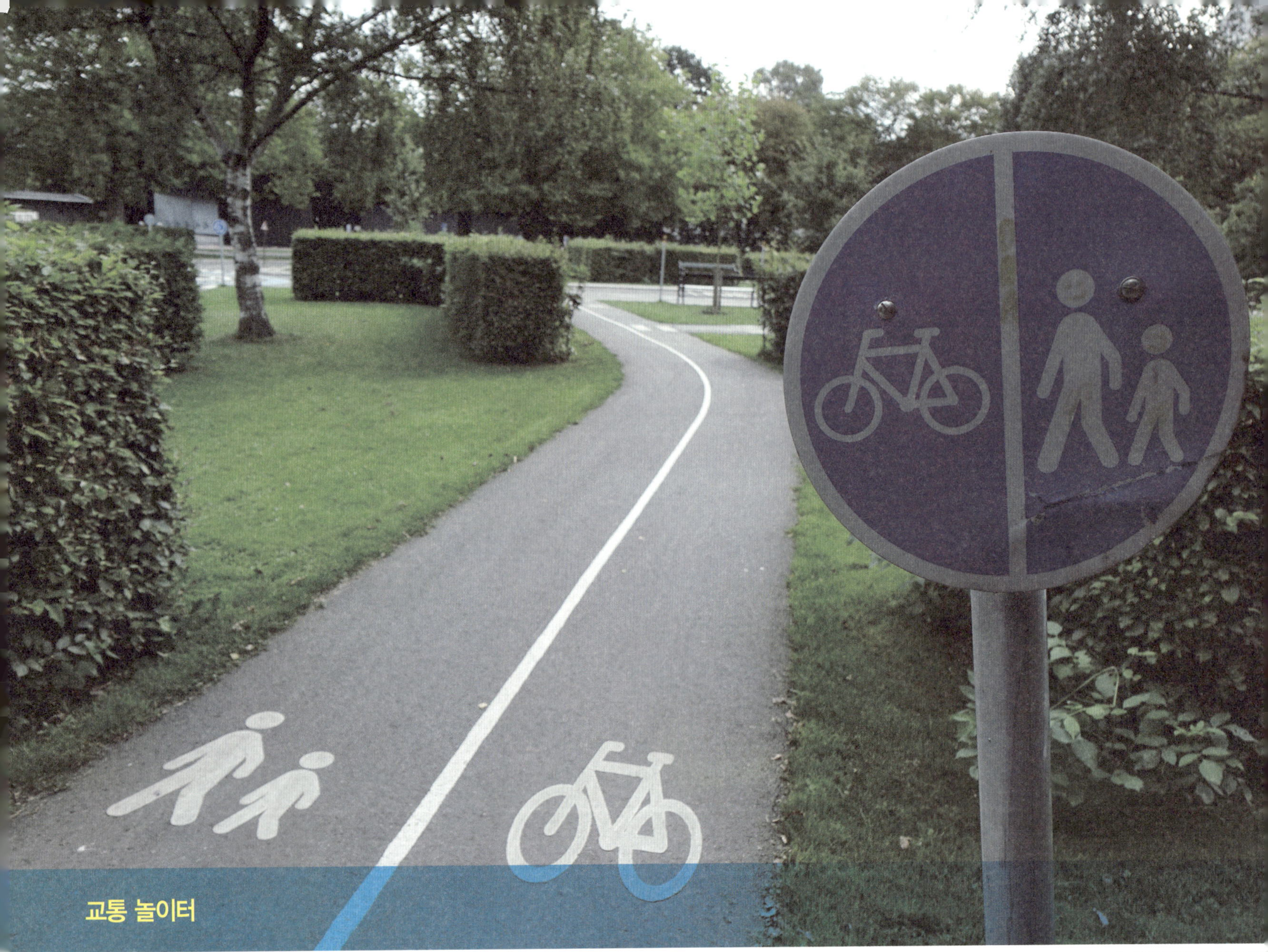

교통 놀이터

고민 끝에 놀이 기구 회사를 찾아가다

눈에 띄는 놀이 기구

코펜하겐 놀이터를 둘러보면서 다른 지역에서 볼 수 없었던 독특한 느낌이 드는 놀이 기구와 여러 번 마주쳤는데, 그때마다 저걸 어디서 만들었을까 궁금했다. 뭔가 일반적인 놀이 기구와는 결을 달리하는 형태였는데, 아이들은 좋아했다. 딸도 마찬가지였다. 이 놀이 기구들은 멀리서만 봐도 아, 같은 회사에서 만들었구나 하는 확신이 들 정도로 자기만의 색깔이 있었다. 다시 말해 이 놀이 기구를 만든 회사는 자신들만의 정체성을 완성해 가고 있음을 거꾸로 웅변하고 있었다. 또한 겹치는 놀이 기구를 보지 못했다. 이는 중요한 점이다. 코펜하겐으로 오기 전에 귄터에게 여기저기 놀이터를 보여 주다가 이 회사의 놀이 기구를 보여 준 적이 있는데, 귄터는 이렇게 말했다.

이 회사의 좋은 점은 다른 것을 카피하지 않고 창의적으로 만드는 데 있다.

귄터는 아쉬운 점도 이야기했다. 예를 들어 앵무새 놀이 기구는 실제 크기보다 지나치게 크게 만들었다는 것이다. 크게 만들어 놓아도 아이들은 그것을 다 보지 못한다고 했다. 이것은 어른들의 시각과 어른들의 취향

몬스트럼의 로고

몬스트럼을 만든 오레와 디자이너 토마스

이라는 것이다. 아이들은 전체를 보지 못하고 부분을 보며, 세상 대부분의 것들이 자기보다 크기 때문에 자기보다 작은 세상이나 작은 물건을 더 알고 싶어 한다고 했다. 아이들이 실제보다 크게 만들어진 것을 인식하는 데는 한계가 있다는 말이다.

코펜하겐 놀이터를 다니다가 잊을 만하면 또 나타나고 잊을 만하면 또 나타나고 해서 고민하다가 아내에게 어떤 회사인지 한번 가 보자고 했다. 황당한 제안에 뜨악해 하면서 아내는 전화를 했다. 가도 될까? 아이도 같이 간다. 오란다. 그래서 갔다. 회사는 코펜하겐 약간 외곽에 있었다. 지하철 타고 버스도 갈아타면서 유모차를 밀고 오전에 찾아갔다. 이 회사는 한국에도 소개된 바 있는 몬스트럼(MONSTRUM)이라는 회사였다. 건물 외벽에 그려진 회사 로고를 보고 참 재미난 사람들일 것 같다는 생각을 했다. 레오나르도 다빈치의 '비트루비우스 인체비례도' 그림을 연상시키는 팔 벌린 갓난아이 그림이 그려져 있었다.

1층 작업장은 놀이 기구를 만드느라 분주했다. 처음으로 놀이 기구 만드는 모습을 가까이서 보고 사진을 찍어도 되느냐 했더니 얼마든지 찍으라고 했다. 1층 작업장을 길게 통과해 2층 사무실로 갔다. 마침 회의를 하고 있는지 바쁜 듯 보여 미안했다. 거기다 아이까지 둘 데리고. 서둘러 회의를 정리하더니 앉으라고 했다. 우리 가족과 몬스트럼의 두 사람이 마주 앉았다. 한 사람은 몬스트럼의 디자이너 토마스(Tomas Knudsen)였고 또 한 사람은 몬스트럼을 만든 오레(Ole Christian Jensen, 안경 쓴 사람)였다.

다시 기본으로 돌아가려고 한다

우리가 무엇을 하는 사람들인지 왜 여기까지 왔는지 말로 설명하기가 어려워 한 10년 정도 아시아와 중동 아이들 놀이 관련 사진 작업을 보여 줬다. 두 사람은 한 장 한 장 넘기며 보더니 이렇게 말했다.

우리도 아이들한테 이런 놀이터를 만들어 주고 싶다.

그러면서 이런 말을 덧붙였다. 자신들도 내 사진에 나오는 아이들처럼 놀이와 놀이터의 원형으로 돌아가려고 노력한다고 했다. 지금 세계적인 놀이터의 경향이 마치 운동 시설처럼 놀이터가 바뀌고 있어 걱정이라고 했다. 어쩌면 이렇게 생각이 같을 수 있는지 우리는 신나게 이야기를 이어갔다. **우리는 아이들 놀이터를 가꾸려는 것이지, 아이들 체력 단련장을 만들려는 것이 아니다.** 이 부분에서 혼동이 많은 것 같다. 나 또한 놀이를 하면 뭐에 좋으냐? 관계에 좋으냐? 몸이 건강해지냐? 용기가 생기냐? 등등의 질문을 자주 받는다. 나는 놀이는 뭘 만들거나 기르려고 하는 것이 아니란 것에서 출발해야 하고 놀이터 또한 마찬가지의 장소가 되어야 한다고 이야기한다.

코펜하겐을 여러 날 다니며 당신들의 놀이 기구와 자주 마주쳤다고 했다. 당신들의 놀이 기구를 보면서 궁금한 점이 있어 왔다고 했다. 얼마든지 물어 보란다. 몇 가지 질문과 답변을 옮기면서 몬스트럼 이야기를 마무리하겠다.

첫 번째로 당신들은 왜 이런 일을 시작했는지 물었다.

아이를 낳고 키우면서 아이들 노는 것을 보았는데, 아이들은 주변에 뭔가가 있으면 그것을 자기 식대로 가지고 논다는 것을 알았다고 한다. 아이한테 그런 놀이터를 만들어 주고 싶었단다. 놀이 기구를 만들게 된 계기가 사업이나 디자이너 일로 시작한 것이 아니라, 아이에서 출발했다는 점이다. 좀 더 자세히 말하면 아이를 오래 관찰한 결과라는 점이다. 내가 놀이터를 아이에서 출발해 놀이를 지나야 도달할 수 있다고 하는 까닭이 여기에 있다.

두 번째 질문은 놀이 기구의 외형을 단정하고 고상하게 만들지 않고 난파된 배, 부러진 비행기처럼 만드는지 물었다.

자신들이 만든 놀이 기구는 아이들에게 단순한 놀이 기구로 보이기보다 어떤 상황이나 장면 속에 있다는 느낌이 들도록 디자인한다고 했다. 아이들은 부서진 난파선과 불시착하다 두 동강 난 비행기 놀이터 속에서 탐험하고 모험을 하며 자신들만의 이야기를 만든다는 것이다. 나아가 놀이 기구마다 이야기가 있고 놀면서 이야기를 만들어 가는 것을 중요하게 생각한다고 했다. 또 하나 놀이터에는 부모도 함께 오는데, 사실상 절반이 어른이라

고 했다. 그래서 부모도 아이와 함께 좋은 경험을 할 수 있도록 놀이 기구를 디자인한다고 했다. 때로는 어른들 눈에 비정상으로 보일 수도 있겠지만, 아이들이 스스로 직접 경험하면서 알아가도록 설계한다고 했다.

이들이 만든 놀이터는 언뜻 보면 어디로 올라가야 하고 내려와야 하는지 알 수 없다. 이것 또한 아이 스스로 올라가고 내려갈 곳을 찾도록 하기 위함이란다. 신선한 주장이었다. 이들이 만든 놀이 기구 가운데 좌초한 산타마리아호와 이스터 석상이 있는데 이 놀이터에 들어서면 이 둘이 어떤 관계에 있는지 저절로 궁금해진다. 몬스트럼의 남다른 생각이 만들어 낸 놀이 기구라는 생각이 들었다. 몬스트럼이 만든 놀이 기구에서 놀고 있는 딸과 아이들은 미끄럼틀이 없는데도 비행기 날개로 미끄럼을 타고 내려오는 등 자신의 몸으로 놀이 기구를 읽어 내려가고 있었다. 왜 그렇게 실제보다 크게 만드는지 물었다. 현실에서 볼 수 없을 정도로 크게 만든 것들을 보면 아이들은 마치 우주의 주인공이 된 듯한 느낌이 들어 자유롭게 놀 수 있기 때문이라고 했다.

세 번째로 왜 동물 형상을 자주 쓰는지를 물었다.

아이들에게 놀이터를 마치 무대 세트장이나 소품들이 놓인 공간으로 느끼도록 하고 싶기 때문이라고 했다. 이런 곳이 놀이의 촉매제로 기능하길 바란다는 뜻이었다. 모험심을 느끼고 작은 이야기를 만들고 놀이 기구를 극장의 무대세트처럼 활용해 좀 더 긴 이야기를 만들 수 있도록 돕는다고 했다. 내가 결론적으로 이해한 몬스트럼의 철학은 '이야기'에 있었다.

어른들이 보기 좋은 놀이터와 아이들이 놀기 좋은 놀이터는 다르다

마지막 질문은 놀이 기구를 만들 때 놀이 기구가 놓일 장소의 문화적·역사적 맥락을 고려하는가였다.

당연하다는 대답을 들었다. 우리를 작업 모니터 앞으로 데려가 현재 진행 중인 작업을 보여 주면서 놀이 기구가 놓일 이웃 공간과 그곳의 역사적·문화적 맥락이 어떻게 놀이 기구 디자인에 반영되는지를 설명해 주었다. 귄터는 이 부분에 대해서 '장소성'이라는 말을 했는데 장소와 긴밀하게 연관되어 있어야 한다는 의견을 펼쳤다. 그렇지 않으면 장식으로 흐를 가능성이 커진다며 경계했다.

몬스트럼에서 들은 중요한 이야기는 **어른들은 놀이터를 시각적으로 이해하는 반면, 아이들은 놀면서 이해한다**는 것이었다. 이 대목은 놀이터 디자인에서 첨예한 논쟁이 불거지는 발화점이라고 할 수 있다. 대부분 놀이터는 어른들의 생각이 놀이터에 관철되기 쉽기 때문

이다. 그렇게 만들어진 놀이터는 결과적으로 아이들에게 외면 받을 가능성이 크다. 몬스트럼에서 점심을 먹고 작은 선물과 그들의 놀이 기구 도록을 받았다. 그들의 도록은 우리나라 놀이 기구 도록과 달랐다. 우리나라 놀이 기구 도록에는 놀이 기구 사진만 덩그러니 있는데, 이쪽 놀이 기구 도록에는 아이들이 함께 있었다. 이런 것이 은연중에 드러나는 놀이 기구와 아이를 대하는 태도의 차이이다.

권터는 놀이터를 디자인할 때 아이들이 어떻게 놀 것인지를 가장 먼저 고민해야 하는데, 사람들에게 놀이터를 어떻게 보여 줄 것인지를 먼저 고민한다며 강하게 비판했다. 나 또한 이를 심각히 경계해야 좋은 놀이터가 만들어질 것이란 생각이다. 권터는 몬스트럼에 대한 긍정적 평가도 잊지 않았다. 이 말은 거꾸로 얼마나 많은 놀이 기구 회사들이 서로 빈번한 모방으로 존속하고 있는지를 말해 준다. 권터는 기업은 장사를 하는 곳이라고 했다. 다시 말해 놀이 기구를 팔아 돈을 버는 게 잘못된 것은 아니라는 말이다. 그렇지만 여기에

놀이터 밖에서

는 전제가 있어야 한다고 했다. 속이지 않고 좋은 놀이 기구를 만들어야 한다는 것이다. 몬스트럼은 그런 회사라고 생각한다고 했다. 아쉬운 점은 생각건대 몬스트럼에 많은 아티스트들이 함께 작업하고 있어서 그런지 아이들이 무엇을 원하는지보다 장식이나 색깔, 모양을 강조하는 경향이 눈에 띈다고 했다.

덴마크 코펜하겐에는 세계적인 놀이 기구 회사 몬스트럼이 있고 네덜란드 암스테르담에는 또 다른 세계적인 놀이터 회사 카브(CARVE)가 있다. 유럽에 다시 오게 된다면 네덜란드에 가서 알도 반 아이크와 요한 하위징아와 카브라는 회사를 보고 싶다는 생각을 하며 우리 가족은 코펜하겐에서 안동 집으로 돌아왔다. 돌아오는 비행기에서 아내와 우리나라에도 몬스트럼이나 카브 같은 놀이 기구나 놀이터 회사가 생겨야 하지 않을까 하는 이야기를 나눴다. 너도나도 놀이터 짓겠다고만 하지 말고 말이다. 또 하나 드는 생각은 한국적인 놀이터는 언제쯤 볼 수 있을까였다. 유럽의 놀이터가 좋고 잘 만든 것은 분명했지만, 우리 정서와는 뭔가 이질적인 것이 많았음을 고백하고 싶다. 뭔가 간이 맞지 않는 부분 말이다. 음식에 간이 중요하듯이 '놀이터 간'도 중요하다. 앞으로 놀이터 간을 맞추는 공부를 더 해야겠다. 한 달 동안 맡겨 놓았던 우리 가족 다섯 번째 식구인 '산'이가 몹시 보고 싶었다. 산이도 우리가 보고 싶었을 것이다. 딸내미는 돌아오자마자 밀린 만화를 읽었고, 아내는 막내를 마당에 내려놓고 풀을 뽑았다. 나는 아궁이에 불을 넣었다.

놀이터 밖에서

PART 5

놀이터 너머

아이들은 자신의 한계 너머에서 배운다

– Roof House, Fuji Kindergarten, Forest of Net를 설계한 데즈카 부부를 만나다

후지 유치원은 2007년 도쿄에 세워졌다. 현재 정원이 630명 정도 되는 규모가 큰 유치원이다. 그러나 실제로 가 보면 인원과 상관없이 매우 쾌적한 공간이라는 것을 느낄 수 있다. 원장은 세키치 가토(加藤精一)라는 분이 처음부터 지금까지 맡고 있다. 이 유치원을 설계한 데즈카 부부는 몇 가지 독특한 설계철학을 가진 사람이다. 유치원 실내에 리모컨이나 센서를 없애고 직접 끈을 당겨야 끌 수 있는 전등을 설치한다거나(교실마다 3개의 하늘창이 있다), 창문이 한 번에 완전히 닫히지 않게 만들어 찬바람이 들어오면 가까이 있는 친구가 일어나 다시 닫는다거나, 수도꼭지 또한 센서를 달지 않아 확 틀었을 때 물이 튀어 아이들이 수압을 느끼고 조절할 수 있게 한다거나, 놀이기구를 설치하지 않아 아이들이 놀 궁리를 하게 만든다거나(연구기관에 의뢰해 살폈더니 여느 유치원 아이들보다 이곳 아이들이 6배나 많이 놀이를 하고 있음이 증명되었다. 아이들 체력도 월등히 좋았다. 누가, 어떻게 아이들을 훈련하는가 물었는데 원장은 우리는 아이들을 그냥 놔 둔다는 말을 했다고 한다), 마당을 울퉁불퉁하게 만들어 아이들이 어떻게 하면 넘어지지 않는지 몸으로 배우도록 설계했다. 더불어 세키치 가토 원장은 당나귀와 같은

후지 유치원 세키치 가토 원장

놀이터 너머

놀이터 너머

놀이터 너머

237

동물을 키워 세상에는 자기 생각대로 할 수 없는 일과 존재가 있음도 알게 한다.

이런 후지 유치원을 설계한 데즈카 선생을 내가 공부하면서 가장 놀란 것은 '소음'에 대한 주장이었다. 원으로 구성된 지붕 아래에서 아이들이 생활하는데, 교실과 교실 사이 칸막이와 운동장 쪽 창문은 방음 역할을 하지 않는다. 그러나 지붕에서 뛰는 소리는 아래로 전달되지 않는다. 진동수를 고려한 첨단 설계를 했기 때문이다. 이 유치원은 자폐아가 없다고 한다. 수업이 싫으면 밖으로 나가 뛰다 들어오는 것이 허용되기 때문이라고 했다. 원장은 이런 아이들에게 조랑말을 태워 주기까지 한다. 데즈카는 콘크리트 건물에 갇혀 아이들이 적막 속에 지내는 것이 바람직하지 않다고 말한다. 이런 곳에 아이를 두면 아이들은 교실을 우리로 생각하고 서열을 만들고 차별하고 경쟁하고, 적응하지 못하는 아이들은 자폐로 나아간다는 것이다. 정글 속에 있다면 그 숲에서 나는 소리를 시끄럽다고 여기지 않을 것이라 했다.

소음이 이롭다는 주장이다. 자폐는 밀폐된 공간에서 어떤 소음도 들을 수 없는 환경에서 생기며 들판으로 나가면 자폐는 상당히 좋아진다고 했다. 어느 정도의 소음과 함께 살아야 아이들이 건강하다는 말이다. 이런 사실은 아이들을 오랫동안 지켜본 사람만이 알 수 있다. 혜안이다. 소음이 안으로 들어온다는 것은 기가 흐르고 있다는 말이다. 안전이라는 것을 내세워 안과 밖을 완전히 격리시키는, 보안의 관점에서 아이들을 보는 것을 나는 반대한다. 아이들이 세상과 호흡할 수 있고 사방으로 흐를 수 있게 해 줘야 아이들이 살아날 텐데 우리네 형편은 어떤지 묻고 싶다. 한편, 후지 유치원의 외벽은 색깔이 거의 없는데, 그곳에 색깔을 입히면 아이들이 보이지 않기 때문이라고 데즈카는 주장한다. 깊이 생각해 볼 일이다. 놀이터 또한 마찬가지이다. 놀이터를 현란한 색깔과 치장으로 강조하겠다는 것은 아이들을 소외시키겠다는 것과 같은 말이다.

후지 유치원을 설계한 데즈카 내외는 지붕에 정통한 건축가이다. 지붕을 단지 비를 피하는 기능으로 쓰지 않고 쓸모 있는 곳으로 만드는 일에 여러 해 관심을 기울였다. 이 지붕에 사람이 올라갈 수 있게 설계했는데 난간이 없다. 어떻게 준공 검사를 받았는지 궁금했다. 무엇보다 유치원 지붕을 안쪽으로 약간 기운 큰 원으로 만들어 아이들이 무한히 뛸 수 있게 만든 것은 설계자의 건축철학과 건축주의 교육철학이 완전한 합일이 이루어지지 않았다면 가능하지 않았으리라 생각한다. 좋은 건축이란 이런 만남에서 가능하다. 건축주가 중요하게 생각한 것은 무엇일까? 그는 유치원에 있는 이런 모든 것들이 아이들 성장의 중요한 요소라고 본다. 데즈카에게 설계를 의뢰할 때 이러한 뜻이 전달되었고 그 결과가 현재의 후지 유치원 건물이다. Tree House라고 불리는 부속 건물도 마찬가지이다. 이 건물은 높이가 5미터밖에 되지 않지만 7층짜리 건물이다. 천장이 무척 낮다는 말이다. 왜 이렇게 건물을 설계했고, 준공 검사는 어떻게 통과했을까? 아이들은 지붕에 올라가는 것만큼 천장 만지는 것을 좋아하기 때문이다. 이 유치원에서 세키치 가토는 아이들이 사계절을 만나고 바람과 태양과 춤추며 성장하기를 바라고 있었다. 나아가 유치원 바로 옆에 큰 밭을 일구어 자급을 돕는다. 음식도 일식을 고집한다. 그는 말한다. 세상

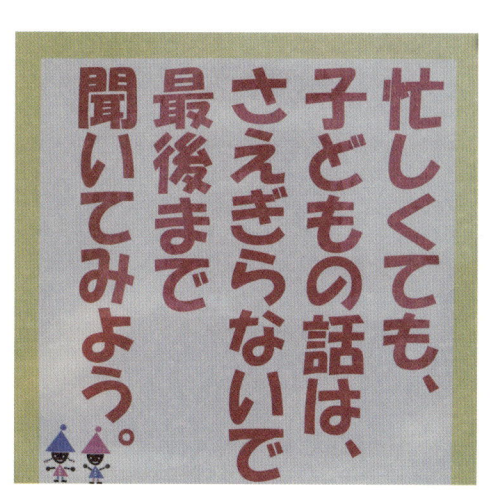

바빠도 아이들 이야기는 가로막지 말고 끝까지 들어주자.

Roof House(2001)

Forest of Net(2009)

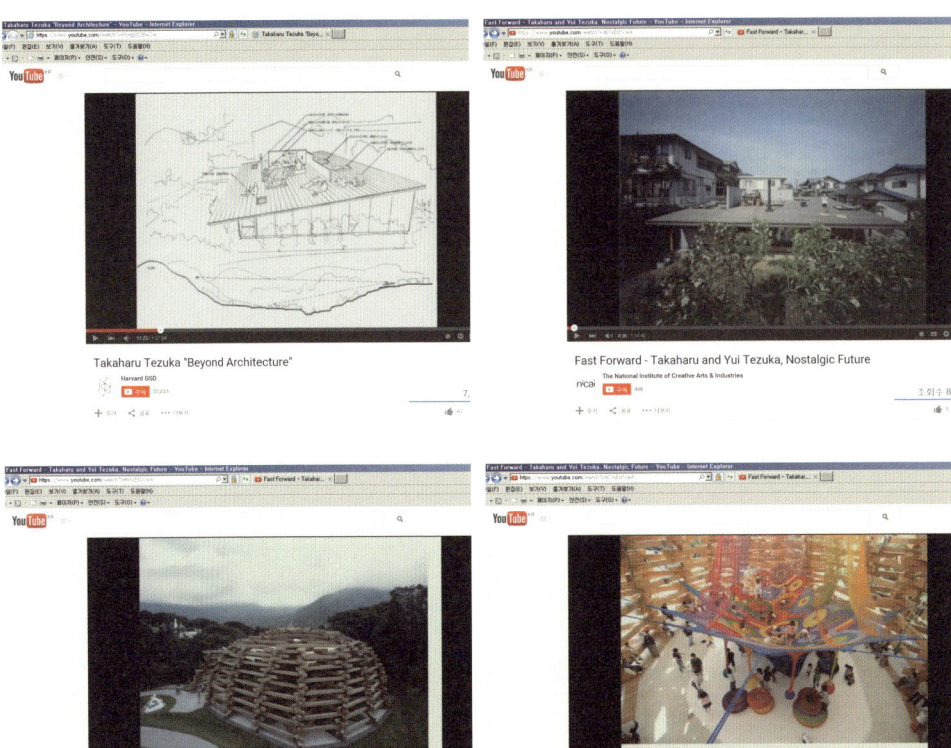

이 보고자 하는 것만 보고 들고자 하는 것만 들으려고 하는데, 교육은 그 반대편의 것들을 아이들이 만날 수 있도록 도와야 한다고.

아래는 후지 유치원을 설계한 데즈카 선생 내외와의 인터뷰이다. 데즈카 다카하루·데즈카 유이 부부는 Roof House, Fuji Kindergarten, Forest of Net를 설계한 일본의 건축가이다. 대담은 도쿄에 있는 그의 건축사무소에서 했다. 데즈카 선생은 내가 놀이터 디자인 공부를 하면서 관심 두고 있는 건축가 가운데 한 사람이다. 통역은 같은 사무소에서 일하는 남형욱님이 도와주셨다. 감사드린다.

해문 가족이 두 내외분 건축에 끼치는 영향은 무엇인가?

데즈카 건축에서 가장 중요한 것은 자신이 느낀 것을 만드는 것이다. 그 체험이 어떤 것인지 인식하지 못하면 안 된다. 건축은 자기 마음대로 상상하는 대로 얼마든지 재미있는 형태로 만들 수 있다. 그러나 재미있게 만든다고 해서 아이들이 재미있게 놀 수 있는 공간이 만들어지는 것은 아니다. 하버드 대학에서 강의하는데 학생 하나가 어떻게 하면 당신처럼 아이들이 자유롭게 놀 수 있는 공간을 만들 수 있느냐는 질문을 했다. 나는 매우 간단하다고 대답했다. 먼저 좋아하는 여자 친구를 만나라. 그리고 결혼을 하고 아이를 가지고 그러면 아이를 잘 알게 된다고 했다. 그러면 아이들이 좋아하는 건축을 할 수 있다. 건축이라는 것은 이처럼 삶의 경험이 쌓여 만들어지는 것이지, 건축이 형태를 결정하는 것은 아니라는 것이다. 아이들을 상대할 때는 인간공학이라는 것이 도움이 되지 않는다. 아이들을 있는 그대로 관찰하는 것이 중요하다. 그래서 아이들을 잘 알게 되면 아이들이 놀고 싶은 건

남형욱, 데즈카 다카하루, 데즈카 유이

축을 할 수 있다. 우리 아이들이 어렸을 때다. 아이가 온종일 뛰고 도는 것을 좋아하는 것을 보았다. 그것을 보면서 아이들이 이렇게 행동하는구나, 아이들이 이렇게 놀고 즐기는구나라는 것을 알았다. 집에 4미터짜리 테이블이 있는데 아이들이 언제나 빙글빙글 도는 것을 보았다. 그것에서 모티브를 얻어 후지 유치원을 설계했다. 후지 유치원 설계할 때 세 살 된 딸아이가 막 유치원에 들어갈 무렵이었는데 이때 딸과 아들의 행동을 보면서 형태를 결정했다.

해문 한국의 세월호 참사를 일본에서 어떻게 보았나?

데즈카 세월호 사건을 보면서 한국과 일본이 참 공통적인 모습이 많다는 것을 보게 되었다. 한국도 일본도 어떤 사고가 일어나면 원인 제공자를 꼭 찾아내려고 한다. 한국이나 일본이나 사람의 잘못이나 자연재해로 이런 일이 생길 수 있다는 것을 알아야 한다. 중요한 것은 사고가 일어났을 때 남을 비난하기보다는 자기 아이들이 그런 사고에 대처할 수 있도록 키우고 있느냐이다. 아이들은 자신의 한계를 어른들이 생각하는 것보다 훨씬 더 잘 인식하고 있다. 편 선생 막내도 이 상황이 지금 안전하다고 어느 정도 인식하고 있기 때문에 이 테이블로 올라온 것이다(이때 세 살 먹은 아들이 테이블 위로 올라왔다). 어른들이 생각하는 한계 안에서 아이들을 보호하기보다는 어린이들이 한계를 넘는 선에서 보호해야 한다. 그렇게 하지 않으면 아이들은 한계를 만날 수 없다. 우리 아이가 두 살 때 모습이다.

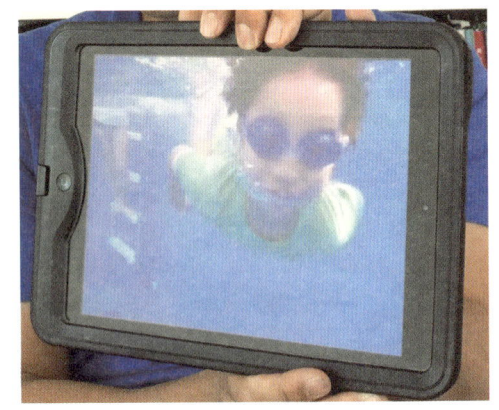

아이는 물속에서 수영할 수 있는 잠재적인 능력이 있는데 그것을 어떻게 발현하게 두느냐가 문제이다. 우리 아이는 두 살 때부터 알아서 수영했는데 지금은 2킬로미터를 19분 정도 걸려 헤엄쳐 가고 작살로 고기를 잡기도 한다. 이 아이는 왜 사람들이 물에 빠져 구해 달라고 하는지 이해를 못 한다. 요즘 아이들은 벌레와 곤충과 같은 살아 있는 생명을 만지면 균에 감염된다고 생각하고 꽃게도 만지지 못한다. 그러나 우리 아이는 이런 것을 직접 잡아먹으니까 매우 건강상태가 좋다. 이것이 인간의 본래 모습이 아닌

가. 아이들은 자연 속에 있을 때 가장 행복해 하고 재미있어 한다. 아이들은 가르쳐 주지 않아도 어떻게 배워야 하고 어떻게 해야 하는지 이미 알고 있다. 뭐를 해라가 아니라 하고 싶은 욕구가 일어나게 하는 것이 중요하다. 후지 유치원 아이들은 달리라고 하지 않아도 달린다. 그러다 넘어지기도 하고 다치기도 하는데 중요한 것은 등뼈는 부러지지 않는다. 어려서 다치는 것을 경험하지 못하면 커서 크게 다친다. 때로는 나무에 올라가서 떨어져 상처가 나기도 하지만 아이들은 매일 나무에 올라가는 것을 멈추지 않는다.

해문 설계와 건축을 할 때 규제와 법령, 안전규정 등의 장애를 어떻게 넘어서는가?

데즈카 조금 전에 어머니께서 아이한테 여기 테이블에 올라가면 안 된다고 아이한테 말씀하셨는데 아이가 테이블에 올라갈 수 있다는 것은 위에서 내려올 수 있다는 말이다. 그렇다고 테이블을 만들지 말라는 법은 있을 수 없다. 규제는 크게 걱정하지 않는다. 문제는 부모이다. 부모가 동의하지 않으면 안 된다. 후지 유치원은 이런 위험이 있어도 오겠는가 하는 것에 부모가 동의해야 한다. 이 세상은 20명 가운데 한 명이 클레임을 건다. 그 한 사람의 목소리는 매우 크다. 나머지 19명은 상식적인 생각을 하는 사람들이다. 중요한 것은 한 명의 클레임을 듣는 것이 아니라 19명의 의견을 듣는 것이다. 많은 사람이 어린이들에게 무엇이 진정 필요한지 알고 있다. 한 사람의 클레임에 끌려가는 것은 민주주의 원칙에 맞지 않는다. 그러니까 남의 말을 듣기보다는 자기가 옳다고 생각하는 것을 하는 게 중요하다.

해문 어제도 도쿄에 지진이 있었는데, 아이들에게 지진을 어떻게 설명하나?

데즈카 지진이 일어나면 물건이 떨어지지 않는 곳으로 가고 책상 밑으로 들어가라고 한다. 지구에서 일어나는 10분의 1의 지진이 일본에서 생긴다고 알려 준다. 지진은 일본에서 사는 사람들의 숙명이라고 말해 준다. 나아가 위험을 인식하고 그것에 대처할 수 있는 것이 삶의 한 부분이라고 가르친다. 지진에 의해서 화산 활동이 일어나고 그에 따라 광물질이 만들어지기도 해 풍성함을 주기도 하는 등 지진이 나쁜 것만은 아니라고 한다.

해문 후지 유치원 같은 곳이 왜 더 생기지 않을까?

데즈카 그건 후지 유치원 원장님 같은 용기 있는 사람이 없기 때문이다. 그는 클레임을 두려워하지 않는다. 그는 세상을 바꾸는 정치를 하려고 했으나 그만두고 유치원을 열었다. 유치원을 운영해서 돈을 벌려고 하는 것이 아니라 자신의 철학을 사람들에게 전하려고 한다. 그런 활동을 통해 그의 생각에 공감하는 사람들이 늘어나고 있다. 그러니까 후지유치원은 이제 시작에 불과하다.

해문 일본의 전통 건축으로부터 어떤 영향을 받았나?

데즈카 일본보다는 기후와 아시아적 보편성에 관심이 있다. 병산서원은 세계에서 가장 미학적인 건축물 가운데 하나라고 생각한다. 이 건축을 스태프들과 보면서 건축의 아름다움에 대해 이야기했다. 병산서원이 훌륭한 것은 모든 요소 하나하나가 철저히 기후를 이해한 뒤에 만들었다는 것이다. 나의 작품에는 현대적인 온돌방식을 쓴다. 중요한 것은 기술이 진보하고 있다는 것을 사람들이 잘 모르고 있다는 것이다. 아이패드 안의 프로그램은 사람들이 잘 모른다. 그렇지만 아이들은 이것으로 그림을 그린다. 무엇을 말하고 싶으냐면 두 분이 사는 집 또한 옛날 집은 아니라는 것이다. 전기가 들어오고 여기 올 때 마차 타고 배 타고 오지 않고 비행기 타고 왔다. 그래서 중요한 것은 과거의 좋은 것과 현대의 좋은 것을 접목해서 사람들이 가장 쾌적하게 지낼 수 있는 것이 무엇인가 균형을 찾는 일이다.

해문 앞으로 소아암병동 같은 어린이 공간 건축 계획은?

데즈카 건축은 우리가 만들고 싶다고 만드는 것이 아니라 건축주의 의뢰가 있어야 할 수 있다. 가능하면 이제는 유치원을 졸업하고 초등학교로 가고 싶다. 지금 우리 아이들이 중학생이고 초등학생인데 그들의 성장에 따른 건축물을 만들고 싶다.

해문 소년 데즈카는 어떠했나?

데즈카 아내는 아빠도 건축가였고 그 아빠가 설계한 집에서 태어나고 자랐다. 나는 어렸을 때 공원 옆에 살았는데 거기서 매일같이 놀았다. 매일 가재를 잡으러 다녔고 바위를 건너 뛰며 놀았다. 형이 한 분 계셨는데 장애가 있어 어머님께서는 형을 돌보느라 내게 관심을 둘 여유가 없었다. 그래서 나는 마음껏 놀면서 어린 시절을 보냈다.

해문 바쁘신데 시간 내주셔서 감사드린다.

안전한 놀이터, 지루한 놀이터가 위험하다

도전할 것이 없는 놀이터

놀이터에서 생기는 아이들의 부상은 크게 두 가지이다. 하나는 회복 가능한 부상이고 또 하나는 회복 불가능한 부상이다. 회복 불가능한 부상에 대해서는 단호한 자리에 서야 하고 이런 사고가 생기지 않도록 놀이터는 철저히 설계·시공·관리되어야 마땅하다. 그러나 **회복 가능한 부상에 대해서는 열린 태도여야 한다.** 여기서 말하는 회복 가능한 부상은 피부가 찢기거나 다리가 부러지는 정도를 의미한다. 아이들이 놀이터에 와서 다른 아이들과 논다는 것은 적어도 이 정도의 부상은 예측 가능하다. 그러나 그물에 목이 걸리거나 난간이 허술해서 떨어진다거나 하는 것은 애초에 제거되어 있어야 한다. 다행히 현재 〈놀이터안전규정〉이라는 것이 마련되어 있어 주변의 놀이터 대부분은 이 규정에 따라 걸러진 놀이터이다. 그러나 문제는 여기부터이다.

한국의 6만 개 놀이터가 오래도록 유달리 이런 안전만을 강조하며 만들어지고 관리되다 보니 현재의 재미없고 지루한 놀이터가 완성되었다. 미츠루 센다가 『어린이 놀이시설』이라는 책에서 놀이 기구가 기능적 놀이 단계, 기술적 놀이 단계, 사회적 놀이 단계로 발전한다고 썼는데, 우리나라 놀이터의 놀이 기구는 아직도 첫 번째 기능적 놀이 단계에 머물러 있는 경우가 많다. 2단계로 넘어가려고 하면 위험하다며 못하게 하기 때문이다. 일본은

ⓒ오명화.

사회적 놀이 단계까지 간 놀이 기구를 1970년에 이미 만들었다. 이 놀이 기구와 놀이터에서 놀았던 세대들이 오늘날 일본에서 창의적 일을 주도하고 있음은 당연한 일이다. 우리나라 놀이터는 어떠했고 지금은 어떠한가? 2015년 대한민국은 창의를 표어로만 남발하고 있다.

놀이터가 지루하게 만들어지면 사고가 일어날 위험은 상대적으로 높아진다. 왜냐하면 놀이터나 놀이 기구가 재미없고 흥미가 없어지면 아이들은 본디 용도와 기능에 맞지 않는 방법으로 놀이터와 놀이 기구를 쓰려는 강력한 유혹에 빠지기 때문이다. 아이들이 다니는 길과 어른이 다니는 길은 다르다. **아이들은 막히면 돌아가지 않고 넘으려 한다.** 아이들은 다르게 하고 싶고, 그게 놀이이기 때문이다. 놀이터에서 생기는 이런 '반달리즘(vandalism)' 경향은 원인 대부분이 지루한 놀이 기구에 있다. 재미없는 놀이 기구의 다음 차례는 '놀이 기구 망가뜨

안동. 2014.

리고 부수기'이다. 이러한 지루함과 싫증은 사고로 이어질 수 있다. 예를 들어 덮개가 있는 미끄럼틀에 붙여 놓은 "절대 거꾸로 올라가지 마시오" 문구는 아이들에게 거꾸로 해석될 수 있다. 이 문구는 아이들에게 꼭 하고 싶은 욕구를 불러일으킨다. 마치 놀이터에서 하면 안 되는 안전수칙이 놀이터 필수수칙으로 읽히는 것처럼 말이다. 미끄럼틀이 아이들에게 올라갔다가 미끄러져 내려오는 것 말고는 아무것도 해 볼 것이 없는 놀이 기구임을 반증하는 것이다. 당연히 미끄럼틀은 미끄러지는 놀이 기구이다. 문제는 놀이터에 미끄럼틀밖에 없다는 것이다.

대한민국 어디를 가나 늘 고만고만한 '조합놀이대 1개, 그네 또는 시소 2개, 바닥은 고무매트나 고무칩 포장'이라는 정형화된 '3종 세트' 놀이터를 찍어 내고 있다. 탄성 고무칩이 아이들의 부상을 줄일 수 있다고 주장하지만, 모래 혹은 작은 크기의 콩자갈 또는 나무껍질인 바크와 견주었을 때 더 낫지 않다. 최근 국가 표준이 만들어져 개선은 되었지만 한여름에는 열기가 위로 솟구쳐 올라 놀이터로서 기능이 사실상 정지된다. 그런데도 고무매트나 고무칩을 고집하는 까닭이 있다. 먼저 아이들 건강이나 놀이터의 기능보다는 유지·관리만 쉬우면 된다는 편의주의 때문이다. 게다가 놀이터 전체 예산 속에서 놀이 기구와 바닥재가 차지하는 비중이 높기 때문이다. 놀이터 바닥에 모래 몇 차 부어 놓으면 그게 무슨 돈이 되겠는가.

다양성이 영혼 있음을 증명한다. **어딜 가나 비슷한 놀이터라는 것은 그 놀이터가 영혼이 없는 놀이터라는 것을 말해 준다.** 대한민국 아이들은 지금 '영혼 없는 놀이터'에서 놀고 있다. 왜 이런 일들이 생기는지 깊이 생각해 볼 일이다. 가장 큰 원인은 귀찮으니까 간단히 해결해 버리는 태도. 또 하나는 안전에만 집중한 까닭이다. 놀이터의 나머지 중요한 한 덕목을 고려하지 않거나 전혀 염두에 두지 않아 불균형하고 재미없는 놀이터가 완성된 것이다. 안전이라

순천, 2015.

는 기둥 옆에 '도전과 모험'이라는 기둥을 세워야 한다. 그러니까 놀이터는 안전과 도전이라는 요소가 유기적으로 결합하도록 설계되어야 하는데, 현재 그러하지 못하다.

이렇게 아이들에게 오랫동안 안전을 강조했지만, **한국 아이들이 위험 속에서 안전을 찾아가는 능력은 바닥이다.** 여기서 길게 말할 수 없지만 세월호 참사 원인 가운데 하나가 이런 형식적 안전 강조에 있다. 세월호 이후 한국에서 놀이터 이야기를 꺼내면 이제는 누구랄 것도 없이 안전에 대해 이야기한다. 이런 자리에서 '도전과 모험'을 이야기하면 다들 펄쩍 뛴다. 안전은 아이들을 조심스럽게 키워야 다다를 수 있는 곳이 아니라, 아이들이 위험을 스스로 다룰 수 있어야 닿을 수 있다는 기본 명제가 철저히 부정되고 있다. 나는 앞으로 이것과 오랜 논쟁을 벌일 것이다. 아이들을 에어백으로 감싸 키울 수는 없다. 우리는 과잉보호에 사로잡힌 아이들을 신속히 구출해야 한다.

놀이는 도전을 의미한다. 다시 말해 안전에 안주하는 것이 놀이가 아니라, 하지 않던 것을, 할 수 없었던 것을 날마다 조금씩 도전해 나가는 과정 자체가 놀이다. 이것은 놀이터로 논의를 확장해도 마찬가지이다. 놀이터는 다름 아닌 아이들이 도전하고 모험할 수 있는 것으로 채워져야 한다. 이런 도전을 막는 놀이터는 놀이터 본연의 기능을 이미 상실한 생명력을 잃은 죽은 놀이터이다. 초등 아이들이 놀 놀이터를 유아 수준의 놀이터로 만들어 놓고 안전하다며 자만하는 것은 마치 기린에게 머리를 숙이고 다니라는 것처럼 아이들의 성장을 가로막는 일이다. **놀이터에 이런 도전과 위험이 없다면 그곳은 놀이터가 아니다.**

이런 놀이터는 자연스럽게 아이들로부터 외면 받을 것이고, 시간이 지날수록 놀이터에서 아이들 보기가 어려워질 것이다. 한국의 많은 놀이터가 이 상태에 머물러 있다. 아이

들이 놀이를 통해 진취적인 행동과 사고를 배울 수 있어야 하는데 순응적 보수화의 길로 들어서는 일을 놀이터가 방조하고 있다면 지나친 비약인가. 전혀 그렇지 않다. 좀 더 깊숙이 들어가 안전 반대편에 있는 우리가 흔히 위험이라고 하는 것을 좀 더 엄밀히 구분해 살펴볼 필요가 있다. 이 부분에 관해 밝은 눈을 가진 사람이 있어 짧게 소개한다. 놀이터를 고민하는 분들이라면 꼭 읽어야 할 책이라고 본다.

애당초 아이들의 놀이란 다소 위험하고 더러우며, 시끄럽다. 그런 점을 배제하고 놀이를 규제하려고 들면 아이들은 아무래도 소극적이고 수동적이 되기 쉽다. ……. 플레이파크의 기본 이념은 사회적 규범에서 벗어나 자유로운 놀이 공간을 제공하는 것이다. 사회의 시스템에서 벗어난 공간은 아이들(일부 어른들)의 마음을 설레게 한다. 그런 의미에서 플레이파크는 '놀게 해 주는 곳'이 되어서는 안 되며 '자발적으로 노는 곳'으로 자리 매김해야 한다.*

* 오가타 다카히로(일본기지학회) 지음, 임윤정·한누리 옮김, 『비밀 기지 만들기』, 프로파간다, 2014, 51-53쪽.

위험(Risk, Peril, Hazard)을 구분하자

놀이터 책의 고전이랄 수 있는 『Design for play』를 쓴 리처드 다트너는 지금으로부터 50년 전에, 놀이터는 안전을 고려해 짓지만 그 경계를 넘어가려는 아이가 늘 있게 마련이라 했다. 위험을 완전히 제거할 수 있는 놀이터란 있을 수 없다는 말이다.*

권터 역시 안전한 놀이터는 불가능하다고 했다. 나아가 그는 놀이터는 아이들이 위험과 만나기 위해 존재한다고 했다. 그리고 이러한 위험은 아이들을 이롭게 한다. 물론 도전과 모험만 있는 놀이터가 바람직한 것은 아니다. 상식선에서 보더라도 수긍할 수 있는 안전과 도전이 공존하는 놀이터가 필요하다. 그런데 여기에 커다란 맹점이 있다. 오랫동안 안전만을 강조하고 그렇게 놀이터를 만들어 온 관행에 비추어볼 때 이러한 주장은 다시 안전만 강조된 놀이터를 만드는 데 일조할 가능성이 크다. 이것이 한국 사회 안에서 산 그간의 내 경험이다. 어른들 사고의 보수화는 아이들 '놀이터의 보수화'에 심각한 영향을 끼친다.

놀이 기구가 〈어린이 놀이시설 시설기준 및 기술수준〉에 따라 안전검사에 합격을 받은 것과 그것이 아이들이 놀기에 안전하다는 것과는 전혀 별개의 문제이다. 여기서 합격은 시설과 관리의 측면에서 그렇다는 것이지, 이용하는 아이들에게 안전하다는 것을 의미하지 않기 때문이다. 아이들은 반드시 놀이 기구를 다른 용도로 가지고 논다는 것을 잊지 말아야 한다. 이렇듯 안전만을 강조하면 놀이터의 재미는 땅으로 떨어진다. 놀이터는 재미있어야 하고 흥미진진해야 한다. 가고 싶어야 한다. 일단 놀이터에 왔으면 집에 가기 싫어야 한다. **조금 위험해 보이고 다소 도전적으로 보이는 놀이터에서 놀 때 아이들은 스스로 안전에 더 집중한다. 그래서 오히려 덜 다친다.** 나는 이 대목을 놀이터 논의의 가장 중요한 사회적 아젠다로 끌어내기 위해 애쓸 작정이다. 위험을 스스로 겪지 않고, 그리고 그것을 넘어 보지 않고는 아이들은 성장할 수 없기 때문이다.

우리나라에서 Risk, Peril, Hazard라는 단어가 위험이라는 말로 똑같이 번역되어 혼란을 주고 있다. 놀이터에서 발생하는 위험을 같은 것으로 보지 않으려면 공부가 필요하다. 흔히 위험이라고 말하는 Danger는 아이들의 신체적·정신적 능력으로 감당할 수 없는 상

---

* Richard Datner, *Design for play*, Van Nostrand Reinhold Co, 1969, p. 87.

황을 일컫는다. 이 위험을 좀 더 세분화해서 보자. Peril은 우연한 사고를 말한다. 교통사고, 낙상, 벼락 등이 여기에 해당한다. 그러니까 심각하고 즉각적인 위험을 뜻한다. 생명에 영향을 줄 수 있는 긴박한 상황이라면 Peril이다.

Risk는 부상에 대한 불확실성을 포함한 개념으로 부상당할 가능성은 있으나 그것을 피하고 극복하는 주체의 자주 의지와 도전 성격이 들어 있다. Risk는 라틴어 'risicare'에서 온 말인데 **'용기를 내서 도전한다'**는 뜻이 있다. 그러니까 Risk라는 말은 단순히 위험이라고 번역해서는 안 되는 좋은 말이다. 아이들은 당장 맞닥뜨린 Risk를 어떻게 대할 것인가를 궁리하고 닥쳐올 Risk를 예감할 수 있는 몸각을 놀이터에서 배운다. 내가 앞서 말한 위험은 Risk를 뜻한다.

Hazard는 사고 발생 가능성을 높이는 위험의 근원을 말한다. 다시 말해 그날 비가 많이 내려 미끄럼틀이 미끄러웠다거나 안개가 끼어 앞이 잘 보이지 않았다거나 놀이터 바닥

에 병이 깨져 꽂혀 있었다거나 하는 것을 말한다. 그러니까 Hazard는 '위험요인'이라는 뜻이다. Peril만큼 긴박하지는 않지만 당면한 사람이 맞닥뜨린 뜻밖의 사건을 일컫는다.

결론적으로 Risk는 도전과 맥락을 같이하는 긍정적 능동태를 의미하는 반면, Peril과 Hazard는 부정적 수동태의 의미가 강하다. 이것이 Risk와 Peril, Hazard의 다른 점이다. 쉽게 설명하자면 **놀이터에서 아이들이 알 수 있는 위험은 Risk, 아이들이 도무지 헤아리기 어려운 위험은 Hazard로 보면 좋다.** 만약, 놀이터에서 위험요소(Hazard)가 발견되면 그것은 즉시 제거해야 한다.

놀이터에는 이러저러한 눈에 띄는 Risk가 있다. 그렇지만 아이들은 Risk를 스스로 인지하고 Risk 너머로 나아가면서 자신을 성장시킨다. 놀이터는 이런 Risk를 만나는 곳이어야 한다. 사고는 날 수 있지만, 그것은 회복 가능한 부상일 것이다. 이러한 도전과 작고 잦은 부상은 아이들을 자라게 한다. 자신감을 높여 주는 것은 물론이다. 결론적으로 말해 놀이터에서 Risk란 아이가 통제할 수 있는 위험이다. 우리가 놀이터에서 경계해야 할 것은 Hazard이다.

아이들이 전혀 인지하지 못한 곳에서 발생하는 사고인 Hazard에 대한 인식과 신속한 대처는 놀이터를 관리하는 사람이나 놀이터에 아이와 함께 온 부모들의 꾸준한 점검에 영향을 받는다. 놀이터 체크리스트를 활용한다면 사고를 현저히 줄일 수 있다. 언제 어떤 사고가 일어날지 알 수 없는 Hazard는 아이와 함께하는 어른이 늘 살피고, 아이가 알 만한 Risk는 도전과 모험을 위해 허용해야 한다. 다시 말해 놀이터는 아이가 Risk를 만나고 어른은 Hazard를 살펴 주는 곳이어야 한다.

놀이터는 위험에 대한 도전을 하면서 동시에 위험을 익숙하게 다룰 수 있는 곳으로 자리매김해야 한다. 아이들은 놀이 기구에서 떨어질 수도 있고 뛰어내릴 수도 있다. 아이들은 놀이 기구에서 어떻게 해야 떨어지지 않는지, 그리고 뛰어내려도 어떻게 해야 다치지 않을 수 있는지 스스로 배운다. 아이들은 뭐든지 기어오르고 뛰어내리고 매달리고 미끄러진다. 모두 다 위험한 일처럼 보이지만, 그러지 않고는 세상을 배울 수 없기 때문에 그러는 것이다. 그동안 우리는 위험을 스스로 겪어 낼 수 있는 아이들 능력을 지나치게 과소평가해 왔다. 아이는 할 수 있다. **지금 무엇을 할 수 있고 무엇은 아직 할 수 없는지 아는 아이가 강한 아이다.** 과잉보호만큼 어리석은 일이 또 있을까.

유럽의 놀이 기구 안전 요건 및 시험 방법 일반 인증 EN1176도 완벽하게 안전한 놀이 기구나 놀이터를 설계하고 짓는 것은 불가능하다는 것을 전제한다. 앞에서도 이야기했지만 **"놀이터는 위험을 제공해 아이들이 위험에 대처할 기회를 준다"**는 문구가 유럽 놀이터 안전 기준의 대명제이다. 놀이터의 Risk는 아이들이 안전에 대해 더 깊이 알 수 있는 계기를 제공한다. 아이들은 Risk를 피하려고 고도로 집중하기 때문이다. 놀이터는 여기서 노는 아이들이 각자의 Risk를 대하는 전방위 감각이 길러지는 곳이다. 아이들이 넘어야 할 Risk가 놀이터에서 모두 제거된다면 놀이터는 무미건조해질 것이다. 아이들이 놀이터에서마저도 Risk를 만날 수 없다면, 놀이터 밖 세상에서 만나는 것이 위험한지 그렇지 않은지 구분하지 못할 것이다. 그래서 **안전하기만 한 놀이터가 오히려 아이들을 위험에 빠뜨린다**는 역설이 가능한 것이다. 위험은 놀이를 가치 있고 진지하게 만드는 필요충분조건이다.

놀이터에서 나는 사고는 자신의 책임이라는 인식 필요

일본 도쿄 세타가야구에 있는 하네기 공원 플레이파크 입구에 있는 간판 내용을 옮겨온다. 놀이터 논의가 어디로 가야 하는지 보여 주는 좋은 예이다. 이곳이 한국으로 치면 강남 같은 곳이라면 믿겠는가. 일본 시민사회는 한 걸음 더 나아가 놀이터에서 나는 사고는 자신의 책임이라는 단계에 가 있다. 놀이터에 놀러 나온 아이들이 내 몸은 내가 돌본다는 생각을 할 수 있을 때, 놀이터 안전 문제는 상식의 차원으로 넘어갈 수 있으리라 본다. 그렇게 자신을 돌본 경험이 있는 아이들이 다른 사람을 돌볼 수 있는 사람으로 성장할 것임은 틀림없다. 놀이터는 부모가 아이들을 돌보는 곳이라기보다는 아이들이 자기 스스로를 돌보는 방법을 깨우치는 곳으로 자리매김해야 한다. 이게 내가 놀이터에서 말하는 돌봄(Care)의 진정한 의미이다.

플레이파크는 자유롭게 놀기 위해 구청, 주민, 놀이터활동가들이 서로 도와 운영됩니다. 여기 놀이 기구는 구청에서 만들지 않았습니다. 놀고 싶은 아이들 요구에 따라 놀이터활동가와 자원봉사자들이 힘을 보탰습니다. 안전을 살피는 데는 여러 사람의 도움이 있어야 합니다. 위험한 일이 생기면 놀이터활동가에게 알려 주세요. 공원에서 아이들이 맘껏 놀려면 '사고는 스스로의 책임'이라는 생각이 있어야 합니다. 그렇지 않으면 금지만 늘고 놀이는 더 이상 재미없습니다. 여기 플레이파크의 표어는 '자기 책임 아래 자유롭게 놀아요'입니다. 서로 도와 재미난 놀이터를 만들어 보아요.

놀이터 너머

일본의 모험놀이터가 시작된 것은 1970년대로 거슬러 올라갈 만큼 꽤 오랜 시행착오를 거쳐 오늘의 많은 모험놀이터로 자리 잡았다. 획일화된 도시와 아이들 놀 공간에 물음표를 던지며 오무라 부부가 1975년 7월 세타가야구 공원에 모험놀이터 '어린이 천국'을 처음 열었다. 이런 놀이터가 일본에 약 400개가 있다. 한국의 공원에서 불을 피운다는 것을 상상해 보라. 당장 신고를 당하고 잡혀갈지 모른다. 그렇다면 공원 한가운데를 그야말로 점거하며 시작했던 일본의 모험놀이터는 합법이었을까. 전혀 그렇지 않았다.

일본의 모험놀이터는 비합법과 불법의 경계에서 오랜 시간 싸웠다. 왜 그렇게 했느냐가 중요하다. 아이들이 못도 박아 보고 톱질도 해 보고 불도 피우며 자기가 하고 싶은 대로 놀며 자라야 위험을 스스로 다룰 수 있다고 보았기 때문이다. 위험을 동반했을 때 놀이는 재미있다. 이러한 모험놀이터의 순기능에 눈을 뜬 일본의 지자체는 공원 모험놀이터 '플레이파크'를 위한 조례를 따로 만들어 법적 문제를 풀어 가고 있다. 우리 시민사회도 이런 놀이터 운동이 필요하다. 나는 우리집 마당을 오래전부터 그렇게 쓰고 있다.

꼭 공원일 필요는 없다. 유럽처럼 버려진 땅이나 건설 예정지 같은 곳을 한철이나 1년 정도 빌려 쓰면서 놀이터로 사용해도 좋다. 아이들이 놀면 상상력이 좋아진다는 얄팍한 상술에 끌려다닐 때가 아니라 지금은 새로운 개념의 놀이터 그 자체에 대한 상상력이 필요하다. 한편, 일본의 모험놀이터에서 아이들을 만나는 '플레이리더'의 역할에 대해 정확히 알 필요가 있다. 한국에서는 이 플레이리더가 '아이들과 놀아 주는 사람' 혹은 '아이들 놀이를 이끄는 사람'으로 알려졌는데, 사실과 다르다. 일본의 모험놀이터에 있는 플레이리더는 아이들이 놀 수 있도록 최소한의 거리를 유지하고 단지 환경을 제공할 뿐이다. 노는 것은 오로지 그곳에 온 아이들의 몫이라는 것을 잊으면 모험놀이터에 대한 오해가 생긴다. 다시 말해 플레이리더는 프로그램을 제공하거나 이끌지 않는다는 것을 정확히 알아야 한다.

(Play+Ground+Risk) − Hazard = Safety

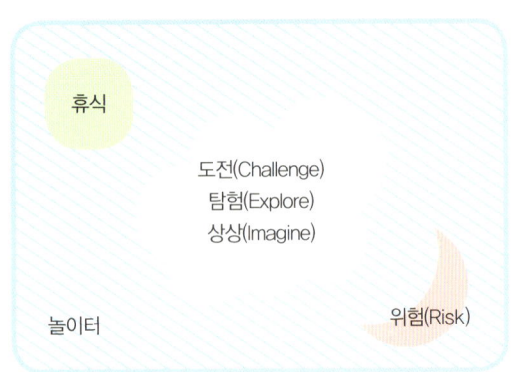

내가 여러 해 고민한 놀이터의 얼개를 그려 보았다.

놀이터는 도전하고 탐험하고 상상하는 곳이며, 이 셋에 닿는 길은 오로지 재미와 도전과 위험을 통해서이다. 위험과 맞닥뜨리지 않고는 아이들은 배울 수 없다. 위험과 만날 수 없다면 상상도 없다. 여기서 위험은 아이들이 다룰 수 있는, 감내할 수 있는, 인식할 수 있는 위험을 말한다. 자연에서 멀어진 도시에 사는 아이들에게 놀이터는 이러한 것을 줄 수 있어야 한다. 물론 놀이터에서의 휴식은 다른 어떤 것보다도 중요해, 그늘이나 편안하고 조용한 자리도 반드시 있어야 한다. 지나치게 안전에만 치우쳐 모든 위험이 거세된 놀이터를 만들어 아이들에게 준다면 어른들의 관심과 기대와 달리 아이들은 나약해질 것이다. 상해에 따른 소송이 있다는 것을 안다. 놀이 기구에서 사고가 났을 때 그 놀이 기구를 만든 회사가 무한 책임을 져야 하는 것은 너무 가혹해 법률 개정이 필요하다. 법이 문제이고 발목을 잡고 있다면 법을 바꾸어야 한다. **법과 제도를 뛰어넘는 것이 상상력이다.** 그러나 그것이 지루한 놀이터를 기정사실화하는 논리의 비약으로 쓰일 수 없다. 이 문제를 창조적으로 극복하는 길을 함께 찾아 나서자는 것이 이 책의 주장이다.

나의 이런 주장이 오늘 한국 사회에서 도무지 수용할 수 없는 과격함으로 들리지 않기 바란다. 아이들은 어제 우리가 살았던 세상보다 더 복잡다단한 세상을 살 것이다. 아이들은 안전한 곳에서 보호받을 권리도 있지만 동시에 다칠 권리도 있다. 그러면서 위험을 다룰 줄 알아갈 것이다. 아이를 헬멧을 씌워 키울 수 없고 과잉보호는 아이를 위험에 빠뜨린다. 스스로 살아갈 수 있는 아이들이 될 수 있도록 어른과 사회는 온 정성을 다 쏟아야 한다. 그게 미래 세대 아이를 위해 부모와 교사가 할 일이다. 안전이 무엇인지 나는 아래와 같은 공식을 도출했다.

(Play+Ground+Risk) − Hazard = Safety : ⟨(P+G+R)−H=S⟩

앞서 길게 이야기한 것을 놀이터란 무언인가에 대한 생각으로 옮겨와 나는 놀이터를 이렇게 정의한다.

> 놀이터는
> 아이들이 수용 가능한 위험과 만나고
> 위험을 배우고 그것에 대처하는 방법을
> 스스로 또는 친구들과 함께 찾는 곳이다.

한스 몬더만은 "사람을 바보 취급하면 바보처럼 행동한다"고 했다. 어린이 놀이터의 안전과 위험의 문제 또한 마찬가지다. "아이들을 바보 취급하면 아이들은 바보처럼 행동할 것이다." 우리는 아이를 분명 과소평가하고 있다. 일본 도쿄에 있는 후지 유치원 세키치 가토 원장의 말이 떠오른다.

> 놀다가 팔과 다리가 부러져 본 경험이 없는 아이들은 목과 척추가 부러질 가능성이 매우 높다.

3세대 놀이터를 상상하다

곧 바깥 놀이터가 사라진다

미래의 놀이터는 어떤 모습일까? 가까운 시기에 놀이터는 옥상으로 올라갈 것이다. 도시의 땅값이 너무 올라 놀이터 따위가 들어설 틈이 없기 때문이다. 생각하면 서글픈 일이지만 당장 맞닥뜨린 일이다. 귄터는 건물 위로 놀이터가 옮겨질 수밖에 없는 까닭이 매연과 스모그가 점점 심해져 지상에서 마음껏 공기를 마시며 노는 데 점차 어려움을 겪을 것이라 했다. 귄터의 놀이터 스케치를 보면 그런 것을 염두에 두고 그린 놀이터들이 눈에 띈다. 놀이터 공간의 수직 이동이 발생하는 지점이다. 르코르뷔지에(Le Corbusier, 1887~1965)는 1952년 마르세유에 지붕놀이터(Dachspielplatz)를 만들면서 이런 생각을 했을까. 그러나 옥상도 그리 안전하지 않다.

미래의 아이들이 놀 놀이터 모습을 상상하면 솔직히 매우 암울하다. 산성비와 황사와 자외선을 피해 모두 다 실내 놀이터에서 놀아야 하는 상황에 놓일 수밖에 없기 때문이다. 앞으로 10년, 20년 안에 벌어질 일이다. 지금처럼 놀이터에 관한 한 사회의 상상이 오직 '안전' 앞에서 주저앉는다면, 실외 놀이터는 아이들 호흡기와 피부 안전을 이유로 앞으로 15년 안에 모두 폐쇄와 철거를 당하지 않을 도리가 없다. 바깥 놀이터의 수명은 얼마나 남은 것일까. 나의 3세대 놀이터에 대한 꿈은 이런 깊은 절망 속에서 출발한다.

Alfred Ledermann, *Spielplatz und Gemeinschaftszentrum*, Verlag Gerd Hatje, Stuttgart, 1959, p. 63.

내가 앞서 생각했던 놀이터는 놀이터와 텃밭의 만남, 하이테크(High-Tech)와 로테크(Low-Tech)가 어울린 놀이터, 숨바꼭질할 수 있는 놀이터, 놀이 기구 없는 놀이터, 기구놀이와 자연놀이가 어울린 놀이터, 시각적인 자극보다는 아이들의 몸과 몸짓을 일깨우는 놀이터, 비·빛·바람·눈·구름·그림자·하늘이 들어온 놀이터, Run·Jump·Swing·Slide Climb이 넘나드는 놀이터, 잡동사니 놀이터, 고물상 놀이터, 오행(목화토금수)놀이터 등이었다.

무엇보다 놀이터 디자인은 장난과 유희와 디자인 만능주의와 예술지상주의에서 벗어나야 한다. 여러 해 전 유행처럼 휩쓸고 지나간 상상놀이터(상상어린이공원: 2008~2011)의 공과에 대해 엄밀한 정리가 필요하다. 놀이터는 그곳에 놀 아이들을 위해 지어야지 예술 표현의 대상으로 삼아서는 안 되는데, 설치미술작품을 놀이터로 오해했던 일도 따져 보아야 한다. 놀이터를 이렇듯 어른들이 낭만에 사로잡혀 만들어서는 안 된다. 놀이터는 놀이터 기능에 맞도록 철저히 합목적적으로 만들어야 한다. 잊지 말아야 할 것은 **놀이터는 놀이터를 짓는 사람이 이용하지 않는다**는 점이다. 그래서 더욱더 아이들 자리에서 보는 역지사지의 안목이 필요하다. 새롭게 시작하는 놀이터와 기적의 놀이터는 앞선 놀이터의 성찰에서 출발해야 한다.

공터에다 동네 솜씨 좋은 철공소에서 배관 파이프를 용접해 구조물을 만들던 1세대 놀이터를 지나 우리는 지금 2세대 놀이터에 와 있다. 규격화되고 안전 검사에 합격한 놀이 기구가 그 자리를 차지하고 있다. 잘사는 동네나 값나가는 아파트 놀이터에는 수입한 놀이 기구가 떡하니 아파트값을 올리는 역할을 하며 놓여 있다. 그러는 사이 공공 놀이터는 획일화·저급화·하향평준화되고 말았다. 1세대 놀이터와 이런 안정되고 때론 세련된 2세대 놀이터의 다른 점은 노는 아이가 크게 줄었다는 점이다. 놀이터는 잘 정비되었고 안전 검사를 통과한 놀이 기구가 놓여 있고 CCTV가 매의 눈을 하고 아파트 안에서 아이들 노는 모습을 볼 수 있을 정도로 발전했지만, **정작 놀이터엔 아이들이 없다.**

커뮤니티 놀이터를 지나

우리가 새롭게 만들려는 3세대 놀이터가 이런 형식적인 2세대 놀이터를 되풀이한다면 안타까운 일이다. 우리는 왜 2세대 놀이터가 아이들을 부르지 못하는 것인지와 동시에 왜 아이들은 2세대 놀이터에 갈 수 없는지, 두 가지를 동시에 성찰하며 3세대 놀이터를 꿈꾸어야 한다. 나의 예감으로는 3세대 놀이터가 하드웨어적인 설비나 기구에 의존하는 놀이터는 아닐 것이라고 본다. 새로운 놀이터는 여기서 고민이 깊어진다. 장식하듯 만드는 놀이터도 아니고, 값비싼 외국 놀이 기구를 꽂아 놓는 놀이터는 더더욱 아니기 때문이다.

일상적인 Playground는 공간과 장소를 강조하는 'Playspace'로, 인공적인 재료가 철저히 배제된 자연경관 놀이터인 'Playscape'로, 한시적 특정 놀이터인 'Pop-Up Playground'로 진화 중이다. 나 또한 Pop-Up Playground를 몇 해 전부터 여기저기서 하고 있는데, 올해부터는 우습지만 'PPPP'라는 이름을 붙여 새롭게 놀이터를 열고 있다. PPPP는 펀, Pop-Up Playground의 약자이다. 또 따른 PPPP도 할 것 같다. 공원에서 하는 PPPP이다. 펀, Pop-Up, Park의 약자이다. 하하하. PPPP의 두 가지 슬로건은 이렇다.

아이들이 스스로 만드는 놀이터

자기 책임 아래 마음껏 놀아요

이 PPPP 놀이터는 '놀이 기구 없는 놀이터'를 넘어서는 펼치기만 하면 어떤 곳이든 놀이터가 될 수 있는 대안적 놀이터의 중심에 설 것이다. 앞으로 좀 더 다듬어 볼 작정이다. 사실 나는 전부터 했던 이 놀이터가 팝업 놀이터인지 몰랐다. 아이들과 이렇게 놀면 재밌겠다 싶어 도전해 보았고 결과는 아이와 부모 모두 즐거웠다. 노는 마음은 우리나 서양이나 같은 것인 줄 이 놀이터를 하면서 다시 깨우쳤으니 내겐 고맙고, 재미난 PPPP이다.

아이는 놀아야 DNA 속 꺼지지 않는 생명의 등불을 켤 수 있다. 놀이터는 아이가 아이다움을 마음껏 드러낼 수 있는 곳으로 들어서는 도시의 가장 중요한 차크라(Chakra)이자 천문혈(天文穴)이다. 그렇다면 3세대 놀이터의 조건은 무엇일까? 나는 앞서도 이야기했지만 '커뮤니티 놀이터(Community Playground)'라는 개념을 바탕에 깔고 공유 놀이터(Sharing Playground)를 마침내 제안한다. 나아가 공유 놀이터의 핵심 구성원리와 조건으로 '3C'를 내놓으며 지역에서 놀이터를 고민하는 분들과 나누려 한다.

놀이터를 3가지 차원에서 접근하는 모델이다. '커뮤니티'는 앞에서 길게 이야기했으니 짧게 정리하면 인근 주민과 아이들의 공동체성에 기초해야 한다는 뜻을 담고 있다. 놀이터를 어떻게 혁신적으로 만들 것인지는 커뮤니티에 그다지 중요하지 않다. 두 번째 '돌봄'은 아이와 함께 오는 부모가 놀이터에서 무엇을 할 수 있는지 설명하는 원리가 아니라 아이가 자신을 돌보는 곳으로서의 의미가 더 크다. 세 번째 '어린 시절'은 놀이터의 주인인 아이들에게 놀이터란 어떤 의미인지를 말해 주는 원리이다. 아이들은 어린 시절을 즐길 수 있어야 한다. 그게 놀이다. 놀이터가 단순한 공간에서 **커뮤니티 구성원에게 의미 있는 장소로 바뀌고, 그 속에서 아이들 스스로 돌봄이 일어나고, 아이들은 또 그 안에서 안정과 도전을 넘나드는 어린 시절을 보낼 수 있어야 한다.**

소박하지만 놀이터를 새롭게 고민하는 분들이 살펴주길 바란다. 그 차례는 어린 시절에 대한 긍정에서 출발해 돌봄을 지나야 공동체성에 다다를 수 있다. 이 셋이 따로 떨어져 있는 것은 아니지만, 만약 거꾸로 진행한다면 실체에서 멀어지고 고민만 커질 수 있다. 손에 잡히는 것부터 하나씩 추스르며 가야 한다. 우리가 만들려는 것은 놀이터이다. 그래서 이 셋 가운데 가장 중요한 것은 Childhood(어린 시절)이지 커뮤니티가 아니다. 두 번째로 중요한 것 또한 Care(돌봄)이지 커뮤니티가 아니다.

여기서 돌봄은 아이를 놀이터에서 부모가 대상화하는 돌봄이 아니라 아이가 놀이터에서 자신을 돌보면서 내적 힘을 기

3C
Community(공동체)
Care(돌봄)
Childhood(어린 시절)

PPPP.

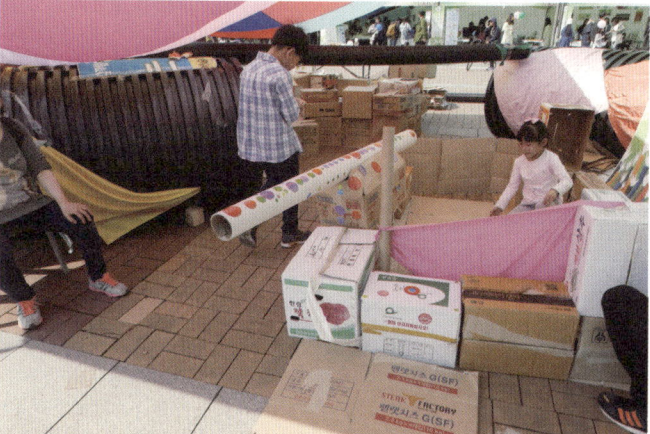

PPPP.

PPPP.

를 수 있어야 한다는 뜻이다. 일반적인 돌봄과 다른 개념임을 새롭게 살펴 주기 바란다. 놀이터가 위험과 만나고 그것을 다룰 수 있는 곳이어야 한다는 것과 통하는 매우 중요한 나의 놀이터 철학이다. 커뮤니티 또한 지역 사회로 범위를 확장하기 전의 아이들끼리의 커뮤니티가 먼저라는 말도 해야겠다. 그러니까 내가 쓰는 Childhood(어린 시절), Care(돌봄), Community(공동체)의 개념은 철저히 아이들을 놀이터의 주인과 주최로 보는 관점이다. 결과적으로 놀이터는 아이들이 놀이터의 주인이 되었을 때 완결된다. 놀이터와 아이들을 대상화하지 않은 것에서 놀이터 논의는 Ground 에 뿌리내릴 수 있다.

나는 앞으로 '어린이가 뽑은 다시 가고 싶은 놀이터'(혹은 '어린이가 뽑은 오면 가고 싶지 않은 놀이터') 인증 운동을 벗들과 함께 펼 생각인데, 눈에 띄는 놀이터에 상을 주자는 것이 아니라 아이들이 놀이터의 주인이라는 것을 대중적으로 알리는 일이 될 것이다. 영국에서 하는 'Green Flag Award' 처럼 아이들이 충분히 놀아본 뒤, 그들이 놀기에 좋다고 인정한 놀이터에 아이와 시민이 만든 작고 소박한 깃발이나 상징물을 달 수 있게 하자는 것이 나의 제안이다. 독일 베를린 놀이터에 높이 앉아 있던 새가 생각난다. 아이들에게 친근한 이런 상징물이 좋겠다. 이어서 1) 가고 싶은 놀이터, 2) 또 가고 싶은 놀이터, 3) 집에 안 가고 싶은 놀이터, 4) 지루한 놀이터, 5) 다른 곳과 똑같은 놀이터 등등의 기준을 만들어 보려고 한다. 이 일은 오로지 아이들만이 놀이터를 평가할 수 있다는 대전제에서 출발한다.

**공공 놀이터에서
공유 놀이터로**

내가 왜 이렇게 커뮤니티를 가장 마지막에 놓는지 한 번 더 헤아려 주기 바란다. 놀이터에 아이들을 오게 하는 것은 빈 공간과 다른 아이들이지 기구나 놀이가 아니다. 이것은 PPS(Project for Public Spaces)가 시작된 이론적 근거를 제시한, 윌리엄 화이트(William Whyte)의 "사람을 끌어당기는 가장 큰 요인은 다른 사람이다"라는 말과도 통한다.

　안전을 이유로 폐쇄하고 철거된 놀이터를 찾아가 본다. 놀이 기구를 뽑아낸 구멍을 고무로 메워 바닥은 고루 평평한 상태이다. 많은 돈을 들여 당장 고칠 수 없으니 이렇게라도 해 놓은 모양이다. 그러나 나는 너무나 역설적이게도 **텅 빈 이곳이 아이들이 놀기에 더 바랄 것 없는 최상의 놀이터임을 보고 운다.** 정말 운다. 개발이란 이런 것이다. 없던 돈이 생기면 여기에 이런저런 놀이터 3종 세트를 다시 꽂아 놓을 것이다. 이참에 놀이터가 무엇인지 진지해져야 한다. 놀이 기구가 뽑혀 나간 '너른 마당'을 놀이터의 한 양식으로 받아들일 수 없을까. 막힘없이 마음껏 달리는 것이 첫 번째 놀이이기 때문이다. 놀이터의 놀이 기구는 아이들을 개별화하지만 마당과 공터는 함께 어울려 노는 놀이를 북돋는다. 이것은 놀이터의 획일화를 막고 놀이터의 다양성으로 나아가는 첫걸음이다. 3세대 놀이터는 아무것도 없는 '너른 공터 놀이터'에서 '하이테크 놀이터'까지 다양한 스펙트럼을 아우르는 개념이다. 아이들은 놀이터의 다양성을 통해 '다름'을 물리적으로 이해할 수 있다.

1, 2세대 놀이터와 3세대 놀이터의 다른 점은 놀이터를 '누가 어떻게 무슨 까닭으로 무슨 돈으로' 등등과 같은 질문을 관행적으로 타인에게 맡겼다면 이제는 이 질문을 놀이터가 만들어질 곳의 주민과 아이와 커뮤니티가 자임을 하면서 시작될 수 있다. '카붐(KaBOOM!)'이라는 놀이터를 하루 만에 만드는 미국의 비영리단체가 있다. 이 단체의 접근법은 매우 신선하지만 또한 지나치게 미국적이다. 놀이터를 짓는 비용을 모금하는 통로가 대기업에 크게 의존한다는 점과 대부분 규격화된 기성품을 쓴다는 점이 그렇다. 하루 만에 놀이터를 만든다는 것에서 빠른 성취감을 추구하는 그들의 사고도 엿볼 수 있다.

그러나 놀이터를 시혜가 아니라 놀이터가 들어설 커뮤니티의 내적 동력에 근거한다는 점은 눈여겨볼 대목이다. 카붐처럼 커뮤니티 밖에서 자원봉사자들이 하루 200명 정도 모여 깜짝하고 만드는 것도 의미 있지만, 커뮤니티 안에서 적은 사람들이 여러 시간을 함께 궁리하며 만드는 것이 더 큰 의미가 있다. 만들어 주고 가는 것이 아니라, 만들 때 놀이터를 지속적으로 사용할 지역 커뮤니티 구성원의 참여가 긴요하다. 이른바 '참여'이다. 카붐은 쇼 형식이 결합한 엔터테인먼트 요소마저 있어 요즘 트렌드와 잘 맞는 것 같다. 홍보도 대단하다. 그래서 특별한 놀이터이다. **나는 일상의 놀이터를 꿈꾼다.** 그 일상의 놀이터를 나는 '공유 놀이터'라 부른다.

'커뮤니티 놀이터'를 만드는 과정에서 두세 달 걸리는 놀이터 건설 현장을 아이들이 들락거릴 수 있다면 커뮤니티 속 아이들에게 좋은 경험이 될 것이다. 아무것도 없는 평지에 날마다 조금씩 만들어져 가는 놀이터를 보는 것은 아이들한테 경이로움이 무엇인지 알게 해 준다. 그곳에 아이들이 가까이 가는 것이 허락된다면 놀이터는 공공건축에 대한 첫 번째 학습의 장으로 훌륭한 역할을 다 할 것이라 확신한다. 이 경험은 나중에 아이가 어른이 되어서도 다른 공공의 건축물을 보고 느끼고 사고하는 첫 출발이 될 것이다. 놀이터는 아이들이 만나는 첫 번째 공공건축이기 때문이다.

더욱 중요한 것은 아이들이 놀이터에서 다른 아이들과 놀면서 민주주의를 배운다는 것이다. 놀이를 통해 민주주의를 학습한다는 명제는 그동안 거의 다뤄지지 않았는데, 앞으로 놀이와 놀이터의 매우 중요한 주제로 자리매김할 것이다. 너무 추상적으로 들리는가. 그러면 한마디 덧붙이자. 어려서 혼자, 때로는 함께 어울려 놀며 다름과 맞닥뜨리지 않고는 민주주의를 삶으로 깨우칠 수 없다. 학교에서 하는 학습과 배움만으로는 민주시민이 되기 어렵다. 오히려 길들고 길들이려 하는 것을 배울 수 있다. 놀이터는 이 부분을 넘어서게 해 주는 역할을 훌륭히 해 낼 수 있는 공간이다. 놀이터는 아이들이 서로 주인이 되어 놀이터에 나온 친구들과 관계를 배우는 곳이다. **'놀이와 민주주의'** 또는 **'놀이터와 민주주의'**는 앞으로 많은 논의가 필요한 주제라고 본다. **놀이터에서 마음껏 논다는 것은 민주시민의 첫 번째 소양을 갖추는 일이다.**

놀이터를 만드는 전문가는 당연히 필요하다. 그러나 시민들의 의견과 실제로 놀이터에서 놀 아이들의 의견은 존중되어야 한다. 그들이 꿈꾸는 놀이터가 무엇인지 그려지면 전문가는 그 그림을 보며 심사숙고할 수 있어야 한다. 나는 새로운 놀이터의 '새로움'이 놀라운 놀이터를 만들어 내는 것을 의미하는 것이 아니라 놀이터에 접근하는 방법론이라고 본다. 기존 놀이터가 만들어진 과정과 무엇이 다른지에 '새로움'의 방점이 찍혀야 한다. 만약 그렇지 못하다면 '새로움'은 사라지고 답습이 되풀이되어 '또 토건'이 될 것이다. 여러 사람과 오래 이야기를 나누어 만든 놀이터가 앞선 기존의 놀이터와 결과적으로 같다면 나는 망연자실할 수밖에 없다. 나는 이것을 '놀이터 토건의 함정'이라 부른다.

무엇보다도 놀이터 디자이너를 발굴하고 북돋는 계기가 있어야 한다. 앞으로 놀이터에 관심 두는 디자이너들이 늘어날 수 있는 토양을 만들어 주지 않는다면 '새로운 놀이터'는 그냥 또 하나의 놀이터 바람으로 지나갈 것이다. 이제는 우리나라도 전업 놀이터 설계자가 나올 시기가 되었다고 본다. 그러려면 말도 안 되는 놀이터 설계 비용과 과도한 놀이터 건설 비용이 화해해야 한다. 그렇지 않고는 온전한 놀이터를 짓는 일이 사실상 불가능하다. 놀이터를 짓는 데는 상당한 비용이 든다. 그래서 기업은 놀이터를 눈여겨보고, 놀이터가 필요한 곳에서는 기업을 찾는다. 이렇듯 한쪽은 너무 가난하고 한쪽은 너무 부자라면 아이들이 원하는 놀이터를 짓는 일은 어려워질 것이다. 적어도 놀이터에서 돈 벌려는 생각은 말아야 한다.

　Community Playground는 놀이터에 다가서는 태도이다. 크고 대단한 놀이터가 아니라 지역 공동체가 함께 가꾸는 작은 놀이터가 필요하다. Community Playground가 조금 자리가 잡히면 나는 공유 놀이터(Sharing Playground) 운동을 펼치려고 한다. 함께 놀 친구를 만나기 어려운 아이들은 놀이터에 와서 동무를 만나고, 아이들과 노는 것이 어려운 부모와 교사들에게는 무상으로 놀이와 놀이터를 나누는 공유 운동이다. 놀이와 놀이터는 본디 공공의 것이니 공공의 장소에서 무상으로 아이와 부모와 교사에게 공유되는 것이 마땅하다. **놀이 공유와 놀이터 공유는 앞으로 거스를 수 없는 흐름이 될 것이다.** 나부터 놀이 방법에서 놀이 철학까지 공유를 시작하려고 한다.

　놀이터에 설치된 CCTV보다, 놀이터를 만들 때 함께하는 이웃과 주민이 안전을 보장한다. 결론적으로 말하면 놀이터의 안전은 놀이 기구의 안전성이나 CCTV에서 나오는 것이 아니라, 철저하게 '커뮤니티와 공유'에서 나온다. 이것이 내 주장의 핵심이다. 제인 제이콥스가 말한 'Eyes on the Street(거리의 눈)'과도 통한다. 이 3세대 놀이터를 나는 '공유 놀이터'라 명명하고 구체적인 사례를 만들고 있다.

　큰 놀이터에 대한 논의도 필요하지만 내가 사는 동네 가까이 있는 그만그만한 놀이터를 돌보는 것이 먼저이고 긴요하다. 일을 거꾸로 하면 그것은 처음에 주목받을지 모르지만, 시간이 흐르면 후회만 가득하다. 대한민국 시민운동의 역사는 이를 증명한다. 이 사실에서 출발해 주기를 바란다. 집 앞 작은 놀이터를 바꾸는 것에서 시작하지 않는 놀이터 논의는 시간이 흘러 가을이 되었을 때 수확할 낟알은 없고 쭉정이만 가득할 것이다.

　아이들 놀이터에 기업이 뛰어들고 대기업이 본격적으로 준비하고 있는 흐름이 감지된다. 그러나 대한민국 놀이터의 방향과 결실은 앞서 말한 우리가 사는 곳 가까이 있는 동네 놀이터를 어떻게 Childhood, Care, Community가 녹아 있는 놀이터로 만들 수 있을지로 판가름 날 것이다. 아니면 놀이터 개발로 가다가 말 것이다. 놀이터 하나가 지역사회에 끼치는 영향은 실로 엄청나다. 크고 멋지게 짓는 놀이터는 놀이터가 아니라 엔터테인먼트이고 호사가들의 시혜이다. 아이들은 시혜를 원하는 것이 아니라 놀기에 딱 맞는 놀이터를 원한다.

한국에서 놀이터 원년이라고 할 수 있는 2015년, 놀이터에 들어선 여러 벗에게 질문을 던지며 이 책을 마무리하고 싶다. 당신은 아이들 놀이터를 만들겠다는 것인가. 아니면 아이들을 대상으로 엔터테인먼트를 하겠다는 것인가. 나는 놀이터 쇼를 보고 싶지 않다. 이 질문은 나를 향한 비수이기도 하다. 내가 꿈꾸는 놀이터 또한 그 길로 들어서면 나의 오랜 놀이운동도 그만두어야 할지 모르기 때문이다. 우리가 가꿀 놀이터는 Common Ground가 되어야 한다.

도로와 거리와 골목과 집이 진짜 놀이터

머리말에서 Play보다 Ground가 중요하다고 했다면, 끝으로 놀이터가 희귀하거나 선택적이거나 특별하거나 귀한 무엇이 되어서는 안 된다는 말로 마무리하고 싶다. 놀이터는 누구나 어디서나 아무 때라도 아이와 갈 수 있는 Common한 Ground가 되어야 한다. 여기서 나는 다시 제인 제이콥스로 돌아간다. Common Ground는 놀이터가 아니라 거리와 도로일 가능성이 크다. 속에 있는 말을 하자면 **놀이터는 놀이의 무덤이고 놀이 기구는 놀이터의 묘비이다.** 이것이 이 책의 모순이고 놀이터와 놀이 기구의 역설이다. 놀이터에서 할 수 있는 놀이는 사실 너무 제한적이고 너무 빈약하다. 아이들은 놀이터 밖에서 더 많이 더 자주 더 열심히 논다. 그러니까 놀이 기구와 놀이터라는 이름은 주술이다. 내가 꿈꾸는 Community Playground와 공유 놀이터의 종착지 또한 구획된 놀이터가 아니라 거리와 보도와 골목과 도로임은 말할 것도 없다. 일본의 미츠루 센다 선생 또한 길의 중요성을 일찍이 주장했다.

"도로에서 놀지 마시오"라고 하는 것은, 극단적으로 말하면 어린이들에게 놀아서는 안 된다고 말하는 것과 같다. 길은 다른 놀이터를 잇고, 구성하는 중요한 역할을 하고 있다.

어린이들에게 살기 좋은 도시를 조성하기 위해서는 우선 무엇보다도 길을 어린이들에게 되돌릴 필요가 있다.*

지금 하는 놀이터 공간에 관한 논의는 그래서 골목과 거리와 도로와 길로 아이들 공간을 확장해 가는 중간 단계라고 본다. 지금은 놀이터로 고립적으로 지으려 하지만 앞으로는 골목과 거리와 도로와 길을 놀이터로 가꿔 가야 도시와 마을이 살아날 것이다. 획일적인 놀이터 이야기에서 벗어나 '골목 놀이터', '마당 놀이터', '도로 놀이터', '길 놀이터' 등으로 확장시켜야 도시에 활력을 줄 수 있다. 그러나 아이들에게 가장 큰 영향을 주는 최고의 놀이터는 집(House)이고 가정(Home) 임을 말해 무엇하랴. 놀이터는 고립되어 있고 거리는 개방되어 있다. 어떤 곳이 아이들 안전을 지켜 주고 사건과 사고를 줄이는 데 좋을까. 공원과 놀이터에서 일어나는 우발적이거나 계획적인 사건은 아이들의 부주의한 놀이터 사고를 질적으로 양적으로 압도한다. **안전한 놀이터는 위험하고, 위험(Risk)한 놀이터가 안전하다. 놀이터가 위험(Risk)해야 아이들이 안전하다.**

---

* 미츠루 센다, 『어린이 놀이시설』, 태림문화사, 1996, 62쪽.

Pieter Bruegel, Children's Games, 1560.

> 맺는 글

놀이터는 아이들이 완성한다
– 놀이터의 엔터테인먼트화를 경계하며

권터는 놀이터가 삶을 배우는 곳이라 했다. 더불어 미래를 배우는 곳이라 했다. 아이들이 놀이터에서 놀면서 자신을 돌보고 상대방을 돌보는 내적인 힘을 기른다는 뜻이다. 놀이터와 만나면 자신은 이곳이 미래를 살아갈 아이들에게 무엇을 줄 수 있는지 묻는다고 했다. 나는 놀이터가 판타지보다 실제적 삶의 여러 국면을 아이들이 만날 수 있게 만들어져야 한다고 생각한다. 놀이터를 디자인하거나 만드는 사람은 이 점을 알고 아이들이 어떻게 놀 것인지에 천착해야 한다. 놀이터 디자인은 일을 맡긴 집단이나 놀이터에 아이들과 함께 올 어른들의 시각에 맞추려는 것에 극렬히 저항해야 한다. 이것이 놀이터 디자이너의 첫 번째 덕목이다.

　놀이터에 대한 평가는 어른들이 놀이터가 만들어진 첫날 와서 평가하는 것이 아니다. 새롭게 만들어진 놀이터가 좋은 놀이터인지는 적어도 3년 정도는 지나야 알 수 있다고 권터는 말했다. 3년 뒤에 가 보았을 때도 아이들이 여전히 놀고 있고 고장 난 곳이 적으면, 그 놀이터는 잘 만들어진 놀이터라 했다. 권터와 함께 한국에서 나름 잘 만들어졌다는 놀이터 사진을 보며 이야기한 적이 있다. 좋은 놀이터는 맞는데 여기서 아이들이 무엇을 하고 놀 수 있을지 모르겠다고 했다. 다시 말해 이 곳은 **아이들 일상의 놀이터가 아니라 특별한 놀**

이터라는 말이었다. 일상의 놀이터와 달리 특별한 놀이터에서는 특별한 놀이만 하도록 구조 자체가 아이들을 강제한다.

지금은 놀이터에 관한 무한한 상상이 필요하다. 시간을 재촉하고, 현실적 설계비가 산정되지 않고, 놀이 기구 하나에 도무지 이해할 수 없는 금액이 지출되고, 각종 놀이터 규제에 상상까지 막히면 베끼게 되고 그 결과 '불구의 놀이터'가 만들어진다. 놀이터 디자인을 할 때 상상을 마음껏 펼 수 있도록 제도가 거들어야 한다. 그러나 놀이터에 필요한 진정한 상상력은 규제를 훌쩍 넘는 일이다. 내가 놀이터 관련 국회 토론회에서 발제를 한 까닭이다. 어색하지만 놀이터 프로파간다 역을 당분간 맡아야 할 것 같다. 이러한 것들이 조금씩 극복되고 상식선에서 제자리를 찾는다면 놀이터는 아이들한테 사랑받는 곳으로 다시 태어날 것이다. 거기에 동네 커뮤니티의 손길이 닿으면 우리가 만드는 놀이터는 모두의 놀이터가 될 것이다. 나 또한 몇몇 놀이터 가꾸는 일을 거들고 있다. 다른 나라 놀이터의 표절과 모방이 아닌 우리의 색깔이 담긴 놀이터가 싹 트기를 바라는 심정으로 놀이터 속에 담겼으면 하는 것을 몇 가지 정리해 보았다. 당장 이런 놀이터를 만들자는 것이 아니라 한 걸음씩 발을 떼자는 뜻으로 받아들이기 바란다.

- 위험(Risk)과 만나고 그것을 다룰 수 있는 놀이터
- 놀이 기구를 놀이터의 필수 요소로 삼지 않는 놀이터
- 도전(Challenge), 탐험(Explore), 상상(Imagine)할 수 있는 놀이터
- 3C(어린 시절Childhood, 돌봄Care, 공동체Community)와 함께하는 공유 놀이터
- 장애와 나이에 차별이 없는 놀이터
- 공터 놀이터에서 하이테크 놀이터에 이르는 스펙트럼이 다양한 놀이터
- 또 가고 싶고, 오면 가고 싶지 않은 놀이터
- 간섭과 제지와 금지로부터 해방된 놀이터
- 다른 성격의 건물이나 시설(예: 경로당이나 체육시설)과 거리를 둔 놀이터

- 한국문화의 정체성과 시대적 보편성이 녹아 있는 놀이터
- CCTV가 없는 놀이터
- 인공과 화학의 떡칠에서 벗어난 놀이터
- 아이들이 마침내 완성하는 놀이터

아이들은 놀이터에서 놀이 기구보다는 그들의 관계와 상상이라는 재료를 버무려 논다. 딱 보면 '아! 저거 하며 놀라는 거구나!' 알아차릴 수 있는 놀이터는 좋은 놀이터가 아니다. 나는 이런 놀이터를 '당위적 놀이터'라 부른다. 놀이터와 놀이 기구가 아닌 듯 보이는 것이 좋은 놀이터이고 재미있는 놀이 기구이다. 아이들이 변화를 줄 수 없는 놀이터는 아이들을 좌절시킨다. 자칫 아이들의 상상은 멈추고 삶이란 지루함의 연속이라는 절망에 닿게 한다. 놀이터는 이렇게 중요하다. 놀면서 놀이터와 놀이 기구를 알아가는 그런 놀이터가 지금 우리와 아이들에게 필요하다.

이를 위해서는 지역 커뮤니티의 관심과 애정이 반드시 필요하다. 이런 놀이터를 상상하는 곳이 대한민국에 부쩍 많아졌다. 그분들에게 놀이터를 만들 때 함께 만들고, 놀 때 모두가 놀 수 있는 놀이터로 가꾸어 가자는 말을 하고 싶다. 놀이터는 안전 교육을 하는 곳이 아니며 체력을 기르는 곳도 아니다. 아이 스스로 돌봄이 일어나는 놀이터, 아이들이 내적으로 강해지는 '내면의 힘'을 기를 수 있는 놀이터, 풀고 해소하는 놀이터가 아니라 머물며 관계에 눈뜨는 놀이터로 가꾸었으면 한다.

내가 가장 경계하는 것은 놀이터의 '엔터테인먼트화'이다. 놀이터가 특정 사람과 집단(시민단체와 NGO를 포함해서), 지자체, 기업의 자기선전과 엔터테인먼트의 한 수단으로 쓰이지 않아야 한다. 놀이는 아이들의 삶이고 놀이터는 아이들의 삶의 터전이기 때문이다. 놀이터가 이런저런 어른과 모임, 단체, 기관, 지자체, 기업에서 홍보와 이미지 세탁과 엔터테인먼트의 한 수단으로 쓰려는 흐름을 그냥 보고 있지 않겠다. 놀이터를 정도에 서서 공부하는 벗들이 늘어나기를 바란다. 그 벗들과 놀이터에서 만나고 싶다. 삶은 엔터테인먼트가 아니다.

아이들을 엔터테인먼트로 돌볼 수는 없다. 놀이와 엔터테인먼트는 다르다. 우리는 놀이터에서 Play보다 아이들이 발 딛고 지낼 수 있는 Ground를 가꾸어야 한다. 지금은 '놀이터 토건'이나 '놀이터 난개발'이나 '놀이터 엔터테인먼트'가 아니라 '놀이터 가꾸기'를 묵정밭 일구듯 해야 할 때이다. '놀이터 안전 신화와 놀이 기구 주술'을 벗어던지고 놀이터를 가꾸는 벗들을 놀이터에서 만나고 싶다. 만나서 과잉보호에 사로잡힌 대한민국 아이들을 함께 구출하자. 오죽하면 '구출'이라는 말을 쓰겠는가!

 놀고 있는 아이를 오래도록 보고 그들의 말에 귀 기울여야 좋은 놀이터를 만들 수 있다. 이런 생각이 켜켜이 쌓이고 그것이 새로 짓는 놀이터에 반영되는 선순환이 이루어지길 바란다. 아이는 놀이터를 가장 꾸준히 쓸 주인이지만, 놀이터를 만들 때 가장 힘이 없다. 그렇다면 놀이터를 만들 때 가장 힘이 센 주체는 누구일까? 나는 이 책을 그들을 위해 썼다. 놀이터는 만들 때도 아이들 이야기에서 시작해야 하지만 놀이터의 최종 매듭 또한 아이들이 지을 것이다. 놀이터를 아이들이 변화시킬 수 있어야 함은 물론이다. 놀이터는 그 자체로 완결되지 않는다. 아이들이 갈 수 있고 가서 놀아야 놀이터이다. 놀이터는 아이들이 마침내 완성하는 '곳'이기 때문이다.

카트만두, 2009.